面向好房子

——住宅标准与科技研究报告

住房和城乡建设部标准定额研究所
住房和城乡建设部科技与产业化发展中心　主编
（住房和城乡建设部住宅产业化促进中心）

中国建筑工业出版社

图书在版编目（CIP）数据

面向好房子：住宅标准与科技研究报告 / 住房和城乡建设部标准定额研究所，住房和城乡建设部科技与产业化发展中心（住房和城乡建设部住宅产业化促进中心）主编．—北京：中国建筑工业出版社，2023.12

ISBN 978-7-112-29392-6

Ⅰ.①面… Ⅱ.①住… ②住… Ⅲ.①住宅-建筑设计-标准-研究报告-中国 Ⅳ.①TU241-65

中国国家版本馆 CIP 数据核字（2023）第 226000 号

责任编辑：张 瑞 石枫华 刘诗楠
文字编辑：卢泓旭
责任校对：芦欣甜
校对整理：张惠雯

面向好房子

——住宅标准与科技研究报告

住房和城乡建设部标准定额研究所
住房和城乡建设部科技与产业化发展中心 主编
（住房和城乡建设部住宅产业化促进中心）

*

中国建筑工业出版社出版、发行（北京海淀三里河路9号）
各地新华书店、建筑书店经销
北京科地亚盟排版公司制版
北京中科印刷有限公司印刷

*

开本：787 毫米 ×1092 毫米 1/16 印张：8¼ 字数：127 千字
2024 年 2 月第一版 2024 年 2 月第一次印刷
定价：**56.00**元

ISBN 978-7-112-29392-6
（42170）

本书编写委员会

编 委 会

主 任：陈 波 刘新锋

成 员：刘东卫 刘燕辉 王清勤 杨仕超 仲继寿

黄海群 李大伟

编 写 组

组 长：张惠锋 孙 智

成 员：张 蔚 周京京 董 晟 朱荣鑫 付冬楠

宋子琪 李小阳 梁 浩 张 磊 高 致

武一奇 张嘉芮 马 悦 丁 文 刘 浏

编制单位：住房和城乡建设部标准定额研究所

住房和城乡建设部科技与产业化发展中心

（住房和城乡建设部住宅产业化促进中心）

中国建筑设计研究院有限公司

中国建筑科学研究院有限公司

中国建筑标准设计研究院有限公司

中国城市规划设计研究院

前　言

习近平总书记在党的二十大报告中明确提出，“坚持房子是用来住的、不是用来炒的定位，加快建立多主体供给、多渠道保障、租购并举的住房制度”，为我国完善住房制度和促进住房市场健康有序发展指明了方向。

2023 年 1 月，全国住房和城乡建设工作会议要求“牢牢抓住让人民群众安居这个基点，以努力让人民群众住上更好的房子为目标，从好房子到好小区，从好小区到好社区，从好社区到好城区，进而把城市规划好、建设好、治理好”。2023 年 4 月，住房和城乡建设部倪虹部长在“中国电动汽车百人会论坛 2023”上提出学习借鉴汽车产业，“在设计上，要像智能汽车一样，以科技赋能住宅；在建造上，要像造汽车一样造房子；在使用上，要像汽车一样建立房屋的体检和保险制度；在服务上，要像汽车 4S 店一样搞好物业服务。为人民群众建更好的房子”。2023 年 6 月，倪虹部长在《学习时报》上发表文章指出，要牢牢抓住安居这个基点，提高住房建设标准，提升物业服务水平，打造“好房子”样板。2023 年 10 月，倪虹部长在《求是》撰文，提出做好新时代城市工作，要以努力让人民群众住上更好的房子为目标，为人民群众创造更高品质的生活空间；要抓好“楼道革命”“环境革命”“管理革命”，扎实推进老旧小区改造，切实改善居民居住条件；要聚焦为民、便民、安民，以群众关切的“一老一小”设施建设为重点，推动完整社区建设，让社区成为居民最放心、最安心的幸福生活港湾。

在住房和城乡建设部标准定额司的指导下，住房和城乡建设部标准定额研究所、住房和城乡建设部科技与产业化发展中心（住房和城乡建设部住宅产业化促进中心）会同有关单位，面向建设好房子的目标要求，对住宅标准与科技情况进行了认真研究，形成《面向好房子——住宅标准与科技研究报告》。报告系统介绍了我国住宅建设的发展历程，分析了近年来在住宅建设、小区改造、物业服务等方面的国家和地方政策环境，提出了人民群众广泛关注的住宅品质提升和住宅需求多样化问题。报告梳理了我国住宅标准体系，介绍了住宅相关主要标准。报告以协调美观、生活便利、环境宜居、全龄友好、功能适用、健康舒适、安全耐久、灵活可变、绿色低碳、运维经济等十大目标为出发点，提出科技赋能住宅高品质建设的技术创新方向。最后，报告提出了推动我国住宅高质量发展的政策建议，对住宅标准与科技的制度建设、标准建设、科技建设和人才建设提出展望。

本报告旨在为推动中国住宅建设标准与科技发展提供有益启示，由于篇幅所限，文中内容很难全面地阐述住宅标准与科技，但希望以此报告为肇始，与广大专家读者共同进一步完善。

目 录

一、发 展 历 程

住宅与人们的生活息息相关，社会和技术的不断进步也推动着住宅的发展。党和国家十分关心居民的住房问题，中华人民共和国成立以来，住房总量从极度短缺到实现住有所居，住房供应从福利性转向市场与保障并重，居住空间从单位大院到居住小区，建设重点从注重快速增加住宅供给到注重提供高品质环境，住房建设和标准化工作经历了初期的探索、中期的多样化供给、后期的高质量发展，逐步实现了从“忧居”到“有居”再到“优居”的转变。

（一）解决基本居住问题阶段

中华人民共和国成立至改革开放前，住宅建设是以解决劳动人民的基本居住需求为主，尽一切力量缓解“房荒”。政府划拨土地，在重点建设城市和新工业区投资建造公有住房，单位负责建设，住房作为福利品分配给职工。由于住宅紧缺，当时的居住目标是“一人一张床”，因为城镇人口自然增长率大大超过住房建设速度，所以人均居住面积不升反降。根据国家统计局数据，1978 年城镇人均居住面积仅为 3.6 平方米；根据新华网报道，1949 年～1978 年，我国共建设了 5.3 亿平方米住宅。

规划方面，受西方“邻里单位”和苏联扩大街坊的理论和技术方法影响，20 世纪 50 年代建设多选用“居住小区 - 街坊或组团”两级结构。小区是以城市道路或自然界限划分，并不为城市交通干道所穿越的完整地段。居住小区要设置一整套居民日常生活需要的公共服务设施，小区的最小规模是以能设置一个小学为基本条件，最大范围决定于经常性生活服务设施的服务半径，并规定城市穿越交通不通过小区。

建筑建设方面，引入了苏联单元式住宅设计手法，通过不同标准单元的组合构成平面，多采取一个楼梯连通几套住宅的形式，十分强调加大进深、减小开间尺寸以降低造价和节约用地。总体来说，住宅形式、户型相对单一，没有独立卫生设施；建设质量不高，大多数为砖混结构，采用预制楼板建设；容积率低，缺乏配套的公共设施及景观环境。1962 年国家计划委员会印发《关于城市住宅维修的注意事项》（计城字 1369 号），提出保证住宅经常性维修和改建扩建，标志着城市住宅更新初步启动。然而，1965 年开始在“干打垒”精神指导下，设计了一批简易住宅，如集体宿舍形式的简易楼、筒子楼等，引起了降低造价的风潮，新建住宅质量差、墙体薄，且不分地区、不分条件广泛采用“浅基、薄墙”等节约措施，住宅的简易程度已不能满足人的基本生活需求与房屋的基本要求。20 世纪 70 年代后期为适应住宅建设规模迅速扩大的需求，解决大城市土地缺乏、住宅需求扩大的矛盾，在北京和上海等大城市少量兴建了一些高层集合住宅，多采用连廊式，一部电梯尽可能服务多户以提高使用效率、节约造价，但是由于受建筑标准控制与经济条件所限，大多居住条件差、设备简陋，居住满意度较低。

住宅套型方面，20 世纪 50 年代时考虑到远期居住需求，借鉴了苏联的定额指标，远远超过了当时中国的居住水平，因此实际是采用了“合理设计、不合理使用”的方式，即按照远期标准设计，但暂时按照低标准分配使用。一套住宅多是分配给几家合住，一个家庭常常只能分配到一间居室，同时承担全家就寝、用餐、日常活动等多个功能，多户共用厨房和卫生间。1973 年，国家基本建设委员会印发《对修定职工住宅、宿舍建筑标准的几项意见》（试行稿）〔（73）建发设字第 748 号〕，提升了户均建筑面积指标与单方造价标准，规定平均每户居住面积 18 平方米～21 平方米，并开始争取为每个家庭提供独门独户的居住空间，拥有独立厨房和厕所。新建住宅单元多采取外廊形式，一般为“一梯四户”，每户有 1 个～2 个居室，并尽可能使居室有良好的朝向和通风。户型设计也进行了一定的创新，如将连接各房间的过道扩展为小方厅，形成了“方厅式”住宅，使就餐空间与卧室空间相对独立，还可根据需要摆放床等家具，使家庭成员有机会分室居住。

这一阶段对住宅建设标准化工作的考虑较少，尚无专门针对住宅设计的标准规范。1952年10月开始由国家建筑工程部技术司主编《建筑设计规范》第一版，于1955年2月印刷发行。规范内容主要采取苏联各种有关建筑设计标准，并结合我国国情进行编制。该设计规范主要由总纲、建筑设计通则、防火及消防、居住及社会公用建筑、生产及仓储建筑、临时建筑6部分构成，有关住宅设计的内容与公寓、宿舍、旅馆等在第四篇第一章“居住建筑”中进行了规定。

（二）改善基本功能质量阶段

随着经济体制改革的推进，住房制度开始进行试点改革，从计划向市场转变。1979年，全国开始实行商品住宅全价销售的试点工作，率先实行的有广州、西安、柳州、梧州、南宁等城市。各地开始大规模增加住宅建设、改善人民居住条件，形成了一批综合开发建成的居住区。1980年，邓小平同志提出“出售公房，调整租金，提倡个人建房买房”的住房改革总体设想；同年，中共中央、国务院在批转《全国基本建设工作会议汇报提纲》时正式提出“准许私人建房、私人买房，准许私人拥有自己的住宅”的住房商品化原则。1987年，广东省深圳市敲响了土地拍卖的第一槌，土地作为资产被引入市场，开启了中国土地使用制度改革的序幕。1991年，《国务院关于继续积极稳妥地进行城镇住房制度改革的通知》（国发〔1991〕30号）提出了大力发展经济适用的商品住房，优先解决无房户和住房困难户的住房问题，从国家政策上对经济适用住房的建设作了初步定位。1993年国务院第三次房改工作会议提出了“以出售公房为重点，售、租、建并举”方针，为住房商品市场发展创造前提条件。1994年，《国务院关于深化城镇住房制度改革的决定》（国发〔1994〕43号）确立了住房商品化、社会化的改革方向，并明确提出建立以中低收入家庭为对象、具有社会保障性质的经济适用住房供应体系和以高收入家庭为对象的商品房供应体系。根据国家统计局数据，1997年城市人均住宅建筑面积达到17.8平方米。

规划方面，随着现代城市规模不断扩大，在居住小区内自给自足的公共服务设施在经济上的低效益，居民对公共服务设施缺乏选择的可能性等问题基础上，逐步提出“居住区－居住小区－住宅组团”的规划结构，既能满足居民基本生活不同层次要求，也能满足配套设施设置和经营要求，并能与城市的行政管理体制相协调。这一时期的居住区规划注重以下几个方面：一是根据规模和地段合理配置公共设施，以满足居民生活需要；二是开始注意组群组合形态的多样化，组织多种空间；三是开始注重居住环境的建设，空间绿地和集中绿地的做法受到普遍欢迎。一些城市还推行了综合区的规划，如形成“工厂—生活综合居住区”、“行政办公—生活综合居住区”、“商业—生活综合居住区”等，这些居住区形式具有多数居民可以就近上班、有利工作、方便生活的特征。20 世纪 90 年代起，居住区开始采用多、高层结合，有规律的成组成团，突破了以前沿街布置的惯用手法，创造了丰富的空间。

住宅建设方面，仍以企业、单位建房为主，住宅区也称为单位家属区，但单位制的社会整合功能不断被削弱，街道办事处、居委会作为准行政组织，成为社区服务的主要依托力量。1985 年国家科委发布《城乡住宅建设技术政策》蓝皮书，明确加速既有住宅改造的若干政策，提出“开发新住宅小区要与加速改造住宅小区相结合”的住宅建设原则，逐步改善住宅小区的基础设施和环境，加强旧房改造、维修、保养技术和措施的研究，初步形成了我国城市住宅小区更新的理论框架体系。总体来说这段时期我国住宅建设发展迅速，但由于经验不足，导致早期商品房工程质量较为粗糙，隔声效果不好，布局不合理。据 1997 年全国住宅工程典型检查结果，合格率已达到 92%，但优良品率低，总体来说住宅工程质量水平仍较低。

住宅套型方面，随着人民生活条件得到改善，各类家电开始进入普通家庭，对户型设计提出了新的需求。随着大城市电视普及率提升，对起居厅的需求日益增长，催生出了起居、就餐空间与卧室区分开的“公私分离”住宅形式，后逐渐演变为以起居厅为中心的“起居型”住宅，采用“大厅小卧”，做到了“居寝分离”。此外，随着燃气灶等设备进入家庭，厨房逐渐加大，卫生间也逐渐形成了便器、浴缸或淋浴、面盆的三件套模式，住宅设计中开始考虑洗衣机、冰箱的位置，但总体而言还只是以满足基本居住需求为目标，人均居住面积较小，户型设计不完善，缺少人文环境，建造方式简单。

这一阶段开始在标准层面对住宅建筑的功能、性能、工程质量有所要求。1986年9月，国家计划委员会批准发布《住宅建筑设计规范》GBJ 96-86，成为我国第一部专门针对住宅的国家标准，通过层高、阳台栏杆、卫生间、使用面积系数等相关要求，在保障住宅具备基本的合理、安全和卫生的生活条件与提高住房成套率等方面发挥了重要作用。1987年2月发布《住宅建筑模数协调标准》GBJ 100-87，这是我国首次学习和借鉴国际标准化组织相关标准，运用国际模数协调原则和方法，结合我国实际工程应用，具有一定的先进性和实用性。1988年5月发布《住宅建筑技术经济评价标准》JGJ 47-88，这是我国第一本住宅技术经济评价标准，内容包括评价指标、评价指标计算、评价方法等，在促进住宅标准经济评价工作，提高住宅设计水平和综合效益方面发挥了积极作用。1989年3月发布《住宅厨房及相关设备基本参数》GB 11228-89，为我国住宅厨房改革和商品供应的成套厨房家具设备进入千家万户创造了条件；同年12月发布《住宅卫生间功能和尺寸系列》GB 11977-89，为住宅卫生间改革和供应成套卫生洁具提供了依据。1993年7月发布《城市居住区规划设计规范》GB 50180-93，确保居民基本的居住生活环境，经济、合理、有效地使用土地和空间，提高居住区的规划设计质量，同时综合考虑了城市规模、地形地貌、气候区划、节约集约用地等因素对居住区规划建设的影响，研究确定了住宅建筑日照标准。

（三）满足多样化需求阶段

1998年，为了彻底实现住宅社会化、商品化，国务院发布《国务院关于进一步深化城镇住房制度改革加快住房建设的通知》（国发〔1998〕23号），作为中国住房体制改革纲领性文件，在确立住房分配货币化方针的同时，还搭建了与不同收入水平家庭相对应的住房供给制度体系。2003年，《国务院关于促进房地产市场持续健康发展的通知》（国发〔2003〕18号）确立了以普通商品住房为主要渠道的住房供给模式，将房地产业作为拉动经济发展的支柱产业，开始建立住房公积金制度，逐步实现多数家庭购买或承租普通商品住房。2004年3月，国家发布土地“招拍挂”政策，要求通过招标、拍卖、挂牌的方式进行土地使用权的出让，提高了土地交易的透明度。这一时期住房开始成为居民消费支出中最重要的一项，被压抑多年的住房需求迅速爆发，大中城市房价也随之节节攀升。2006 年 5 月，《国务院办公厅转发建设部等部门关于调整住房供应结构稳定住房价格意见的通知》（国办发〔2006〕37 号）要求，新建住房项目以中小户型为主，90 平方米以下住房应占项目总面积的 70% 以上，希望能让更多的年轻人买得起房。2007 年，为解决低收入家庭住房难的问题，国务院发布《国务院关于解决城市低收入家庭住房困难的若干意见》（国发〔2007〕24 号），要求加快建立健全以廉租住房制度为重点、多渠道解决城市低收入家庭住房困难的政策体系。我国保障性住房政策由此从安居工程调整为经济适用房和廉租房政策，推动了住房供应体系从重市场、轻保障模式转向市场保障并重的均衡政策导向。2010 年，住房和城乡建设部等七部门制定了《关于加快发展公共租赁住房的指导意见》（建保〔2010〕87 号），标志着我国公共租赁住房制度基本建立。根据国家统计局数据，2012 年时城镇居民人均住房建筑面积达到 32.9 平方米。

规划方面，随着福利分房时代的结束，居住小区的空间布局形态由多层逐步向中高层、高层发展，居民对多元的服务及配套功能需求逐步增加，如物业服务设施、文体休憩设施、停车位、市政管网、绿化景观环境、步行系统等。随着城镇化发展和住宅新技术进步，居住区呈现出郊区化、高强度、大型化的发展趋势；另一方面，小汽车的普及也在一定程度上推动了低密度住宅的发展。

住宅建设方面，为了适应我国建立社会主义市场经济体制和实行住宅商品化的需要，促进住宅技术进步，提高住宅功能质量，规范商品住宅市场，保障住宅消费者的利益，1999 年，建设部印发《关于印发〈商品住宅性能认定管理办法〉（试行）的通知》（建设住房〔1999〕114 号），根据适用性能、安全性能、耐久性能、环境性能和经济性能评定商品住宅性能，要求所有列入国家、省级住宅试点（示范）工程的新建住宅小区商品住宅申请认定。同年，《国务院办公厅转发建设部等部门关于推进住宅产业现代化提高住宅质量若干意见的通知》（国办发〔1999〕72 号），提出建立住宅技术保障体系，积极开发和推广新材料、新技术，完善住宅的建筑和部品体系，建立完善的质量控制体系，加快住宅建设从粗放型向集约型转变，推进住宅产业现代化。

住宅套型方面，在市场机制的作用下，开发商开始注重研究消费者的居住需求，出现餐、居、寝分离的安居型住宅，“一人一间房”成为大众追求的目标，厨房设备更加完善并附设服务阳台，卫生间配置“三件套”与洗衣机，三室以上户型多设置2个卫生间，空调机位置也开始得到相应的考虑。这段时期市场产品向大户型发展，开始注重动静分区，餐、居、寝、学功能分离，交通流线较为清晰，独立的玄关、客用卫生间、储藏间等实用的辅助空间受到重视，各空间面宽加大，套型平均面积约120平方米，空间的舒适度也得到进一步提升，多数楼栋采用南北通透的板楼形式。2006年起，在国家政策的强制推动下，住宅供应逐步向中小户型转变，以90平方米左右的“两室一厅”为主，保障房套型建筑面积在50平方米～60平方米。

1999年3月，建设部发布《住宅设计规范》GB 50096-1999替代《住宅建筑设计规范》GBJ 96-86。2000年建设部发布《实施工程建设强制性标准监督规定》（建设部令第81号）确立了强制性条文的法律地位。为进一步提升国家标准条款的权威性和先进性，2002年，《住宅设计规范》开展局部修订工作，《住宅设计规范》GB 50096-1999（2003年版）对1999年版中的7项条文进行了修订。2005年《政府工作报告》中进一步明确要求鼓励发展“节能省地型”住宅和公共建筑。为了与世界贸易组织接轨，探索技术法规在我国的体现形式，编制发布了全文强制性规范《住宅建筑规范》GB 50368-2005。同年，建设部批准发布《住宅性能评定技术标准》GB/T 50352-2005，目的是反映住宅的综合性能水平，体现节能、节地、节水、节材等产业技术政策，统一住宅性能评价方法，促进住宅产业现代化。2011年，随着我国住房商品化改革不断深化以及保障性住房国策的实施，为落实建设中小套型住宅、节能省地型住宅等政策要求，住房和城乡建设部发布《住宅设计规范》GB 50096-2011，结合我国住宅建设、使用和管理的实际情况，以及人民群众当时对于住宅的需求，对上一版规范内容进行了全面调整。

（四）提升住宅品质阶段

2013年，十八届三中全会提出建立“低端有保障，中端有支持，高端有市场”的多元化住房供应体系。2015年，党的十八届五中全会提出要树立和坚持创新、协调、绿色、开放、共享的五大发展理念，“共享”理念随即成为住房体系发展的新思路、新方向、新重点。2016年，中央经济工作会议首次提出“房子是用来住的，不是用来炒的”。2017年党的十九大报告提出加快建立多主体供给、多渠道保障、租购并举的住房制度，让全体人民住有所居。2020年起，随着《国务院办公厅关于全面推进城镇老旧小区改造工作的指导意见》（国办发〔2020〕23号）、《住房和城乡建设部办公厅　国家发展改革委办公厅　财政部办公厅关于进一步明确城镇老旧小区改造工作要求的通知》（建办城〔2021〕50号）等文件的出台，正式拉开了我国老旧小区改造的新篇章。在《中华人民共和国国民经济和社会发展第十四个五年规划和2035年远景目标纲要》中，国家推出了以新市民和青年人为对象的保障性租赁住房新制度，住房体系治理迈向包容性发展新阶段。根据国家统计局数据，2021年城镇居民人均住房建筑面积达到41.0平方米；2015年～2021年，全国开工改造各类棚户区3100多万套，安置约6000万居民；2019年～2021年，全国累计开工改造了城镇老旧小区11.5万个，惠及居民超过2000万户。2023年，全国住房和城乡建设工作会议提出“以努力让人民群众住上更好的房子为目标，从好房子到好小区，从好小区到好社区，从好社区到好城区，进而把城市规划好、建设好、治理好”。倪虹部长在出席“中国电动汽车百人会论坛2023”时提出，“学习借鉴汽车产业，为人民群众建好房子”。住宅经过了大规模建设阶段，如今更加注重高质量住宅与高品质人居环境的营建，从“有没有”向“好不好”转变，探索城市更新、老旧小区改造、建立完整社区、绿色低碳社区等议题成为当下研究的重点。

规划方面，随着城镇化水平提升和经济快速发展，以人民为中心、高质量发展进一步得到落实，居住区的规划建设与管理工作更加关注人民群众的实际感受。为进一步提升居民获取公共服务的均好性、便捷性和舒适性，加强住区环境品质、保障住区安全、保证绿地配置、协调城市风貌、完善宜居品质，居住区以人在适宜的步行时间内可达的空间范围进行分级，提出了“十五分钟生活圈—十分钟生活圈—五分钟生活圈—居住街坊”的规划结构；倡导“小街区、密路网”，创造“公交优先、步行友好”的住区交通环境；重视无障碍改造，针对既有住宅建筑加装电梯影响日照的问题，调整了日照要求，满足老龄化社会背景下老旧小区无障碍改造的现实需求。

住宅套型方面，随着家庭结构逐渐发生变化，改善型需求不断增多，购房需求开始呈现二居室减少、三居室主导、四居室增多的趋势。数据显示，一线城市成交新房中，90 平方米以下套型占比从 2015 年的 48.8% 下降到 2019 年的 26.34%，二线城市则从 40.04% 下降到 8.51%。随着房地产市场的变化，户型设计也呈现差异化，具体表现为：一线、二线城市户型更注重性价比，三线、四线城市户型更注重舒适性。2019 年，一线城市销售的三居室新房中，100 平方米以下套型占 52%，出现许多空间紧凑、灵活可变的小户型设计。伴随改善型户型逐渐成为主流，大户型的居住空间品质也不断升级，例如设置开敞的西厨与早餐台空间，设置多个卧室内套卫生间，采用横厅扩大视野和空间宽敞度，设置灵活可变的二孩居室等。与此同时，各地陆续出台政策鼓励商品住宅全装修，减少毛坯房拆改及装修中邻里互相打扰、环境污染等问题，也使得住宅设计中有机会对收纳空间、家电位置等进行整体考虑与设计，从而推动住宅产品走向高品质。

2015 年，发布《国务院关于印发深化标准化工作改革方案的通知》(国发〔2015〕13 号)，为落实工程建设标准化工作改革任务，住房和城乡建设部组织起草了全文强制性工程建设规范《住宅项目规范》，自 2019 年起多次向社会公开征求意见，其中有关电梯、层高等技术要点引起了广泛关注及热烈讨论。同时，2019 年《住宅设计规范》GB 50096-2011 开展修订工作。另外，2018 年住房和城乡建设部发布《城市居住区规划设计标准》GB 50180-2018，在原有基础上更加强调居住区建设强度、高度等的控制，强调“一老一幼”设施配套要求。2022 年，住房和城乡建设部发布《住宅性能评定标准》GB/T 50362-2022，在原有基础上增加了适老化、新技术、新产品等相关要求和条文，进一步优化了评价方法。

二、现状分析

当前阶段，我国住房供应规模持续增加，住房发展已经从总量短缺转为结构性供给不足，进入结构优化和品质提升的发展时期。提高住宅建设标准，聚焦科技赋能，让人民群众住上更好的房子是当前的主要目标。

（一）政策环境

1. 实施工程建设标准化改革，构建新型工程建设标准体系

2015年，国务院印发《关于深化标准化工作改革方案》（国发〔2015〕13号），明确了深化标准化改革的目标、原则和各项措施，确定了将强制性国家标准严格限定在保障人身健康和生命财产安全、国家安全、生态环境安全和满足社会经济管理基本要求的范围之内，并提出改革标准体系和标准化管理体制，改进标准制定机制，强化标准的实施与监督。2016年，住房和城乡建设部印发《关于深化工程建设标准化工作改革的意见》（建标〔2016〕166号），全面启动工程建设标准化改革工作，部署了改革强制性标准、构建强制性标准体系、优化完善推荐性标准、培育发展团体标准等任务，明确以全文强制性工程建设规范逐步取代现行标准中分散的强制性条文，到2025年初步建立以全文强制性工程建设规范为核心，国家和行业推荐性标准、团体标准相配套的工程建设标准体系。

2019年，住房和城乡建设部办公厅印发《住房和城乡建设领域改革和完善工程建设标准体系工作方案》，进一步明确工程建设标准化改革的要求和措施，并正式启动住房和城乡建设领域38项全文强制性工程建设规范的编制工作，其中包括《住宅项目规范》等13项以工程建设项目整体为对象，以项目的规模、布局、功能、性能和关键技术措施等五大要素为主要内容的项目规

范，以及《民用建筑通用规范》等25项以实现工程建设项目功能、性能要求的各专业通用技术为对象，以勘察、设计、施工、维修、养护等通用技术要求为主要内容的通用规范。

2. 以绿色、智慧、宜居为目标，提倡住宅多元化设计

解决住房建设存在的高能耗、高污染等问题，落实国家“碳达峰”“碳中和”战略，向绿色、低碳方向转型升级，是新时期住宅建设的主要目标之一。2022年，住房和城乡建设部、国家发展改革委印发《城乡建设领域碳达峰实施方案》（建标〔2022〕53号），提出了建设绿色低碳住宅的要求。依据当地气候条件，合理确定住宅朝向、窗墙比和体形系数，降低住宅能耗。合理布局居住生活空间，鼓励大开间、小进深，充分利用日照和自然通风。推行灵活可变的居住空间设计，减少改造或拆除造成的资源浪费。同年，住房和城乡建设部在《关于印发“十四五”建筑节能与绿色建筑发展规划的通知》（建标〔2022〕24号）中倡导住宅设计绿色低碳理念，充分利用自然通风、天然采光等，降低住宅用能强度。

随着科技进步，群众生活对信息化、智能化的需求愈发强烈，推动大数据、物联网、人工智能等现代信息技术与住宅设计深度融合将提升居民的获得感和幸福感。2021年，住房和城乡建设部等部门印发《关于加快发展数字家庭 提高居住品质的指导意见》（建标〔2021〕28号），提出在新建全装修住宅中应设置户内楼宇对讲、入侵报警、火灾自动报警等基本智能产品，并鼓励设置健康、舒适、节能类智能家居产品，预留居家异常行为监控、紧急呼叫、健康管理等适老化智能产品的设置条件。对于既有住宅，鼓励参照新建住宅设置智能产品，并对门窗、遮阳、照明等传统家居建材产品进行电动化、数字化、网络化改造。2022年，住房和城乡建设部、国家发展改革委在《关于印发“十四五”全国城市基础设施建设规划的通知》（建城〔2022〕57号）中要求新建住宅、商务楼宇及公共建筑配套建设严格落实光纤等通信设施的标准，为住宅智慧化建设提供硬件保障。

此外，突发性公共卫生事件以及老龄化等社会现象，暴露出当前住宅设计在健康宜居方面仍存在短板。2020年，针对新冠疫情影响，住房和城乡建设部等部门印发《绿色建筑创建行动方案》（建标〔2020〕65号），要求提高住宅健康性能，各地结合实际和疫情防控需求，完善实施住宅相关标准，提高建筑室内空气、水质、隔声等健康性能指标，提升建筑视觉和心理舒适性。2022年，住房和城乡建设部在《“十四五”住房和城乡建设科技发展规划》（建标〔2022〕23号）中明确：在住宅品质提升技术研究方面，要以提高住宅质量和性能为导向，研究住宅结构、装修与设备设施一体化设计方法、适老化适幼化设计技术与产品，开展住宅功能空间优化技术、环境品质提升技术、耐久性提升技术研究与应用示范，形成相关评价技术和方法。

3. 推动建筑工业化发展，提高住宅建造品质

进入新时期，与人民日益增长的美好生活需要相比，住宅建造在科技创新、提高效率、提升质量、减少污染与排放等方面还有巨大的发展空间。以工业化发展成就为基础、融合现代信息技术推动新型建筑工业化发展，通过精益化、智能化生产施工，全面提升工程质量性能和品质，达到高效益、高质量、低消耗、低排放的发展目标，是促进建筑业转型升级的重要手段。

装配式建筑作为推动新型建筑工业化的重要手段，以标准化设计、工厂化生产、装配化施工、信息化管理、智能化应用和一体化装修为基本原则，极大提高了劳动生产率，减少了资源浪费，降低了环境污染。2016年，国务院办公厅印发《关于大力发展装配式建筑的指导意见》（国办发〔2016〕71号），指出发展装配式建筑是建造方式的重大变革，是推进建筑业供给侧结构性改革的重要举措，明确了健全装配式建筑标准规范体系、创新装配式建筑设计、提升装配施工水平、推进建筑全装修等8项重点任务。2017年，住房和城乡建设部印发《“十三五”装配式建筑行动方案》（建科发〔2017〕77号），提出推行装配式建筑全装修成品交房、装配式建筑全装修与主体结构、机电设备一体化设计和协同施工，并要求全装修要提供大空间灵活分隔及不同档次和风格的菜单式装修方案，满足消费者个性化需求。2022年，住房和城乡建设部在《城乡建设领域碳达峰实施方案》（建标〔2022〕53号）中再次明确：推动新建住宅全装修交付使用，减少资源消耗和环境污染。积极推广装配化装修，推行整体卫浴和厨房等模块化部品应用技术，实现部品部件可拆改、可循环使用。

在高质量发展的背景下，建筑业与信息技术的融合仍存在较大的发展空间，加快推进建筑数字化、智能化升级，发展智能建造，将进一步提升建筑业发展质量和效益。2020年，住房和城乡建设部等部门联合印发《关于推动智能建造与建筑工业化协同发展的指导意见》（建市〔2020〕60号），明确提出要围绕建筑业高质量发展总体目标，以大力发展建筑工业化为载体，以数字化、智能化升级为动力，形成涵盖科研、设计、生产加工、施工装配、运营等全产业链融合一体的智能建造产业体系。《"十四五"住房和城乡建设科技发展规划》（建标〔2022〕23号）也提出发展数字设计技术、智能施工技术与装备、建筑机器人和3D打印技术等智能建造相关重点任务。

4. 开展老旧小区更新改造，改善居住环境

近年来，随着住房短缺的问题逐步得到解决，人民群众对房屋的需求已从"有没有"向"好不好"转变，对房屋的品质和居住环境的要求也越来越高。对存在基础设施老化严重、失修失管、配套设施不完善、社区服务不健全等问题的老旧小区进行改造，改善居住条件和生活环境，是一项响应人民期盼的民生工程，对促进我国住房供给侧的结构调整，满足人民群众的多样化和多层次的住房需求具有重要的意义。

党中央、国务院高度重视老旧小区改造工作。2015年，习近平总书记在中央城市工作会议上指出：坚持以人民为中心的发展思想，坚持人民城市为人民；要把创造优良人居环境作为中心目标；要加快老旧小区改造；完善基础设施，提升建筑品质。要发挥好社会力量作用，增加和优化养老托幼医疗等服务供给；不断完善城市管理和服务，彻底改变粗放型管理方式，让人民群众在城市生活得更方便、更舒心、更美好。2020年，国务院办公厅印发《关于全面推进城镇老旧小区改造工作的指导意见》（国办发〔2020〕23号），提出到"十四五"期末力争基本完成2000年底前建成需改造城镇老旧小区改造的任务目标，同时明确改造对象范围以及基础类、完善类、提升类三类改造内容，并从建立健全组织实施机制、建立改造资金合理共担机制、完善配套政策等方面为全面推进城镇老旧小区改造提供顶层设计。2021年，《中华人民共和国国民经济和社会发展第十四个五年规划和2035年远景目标纲要》中明确提出：加快推进城市更新，改造提升老旧小区、老旧厂区、老旧街区和城中村等存量片区功能，推进老旧楼宇改造，积极扩建新建停车场、充电桩。

在老旧小区改造的具体实施方面，2017年，住房和城乡建设部在《关于印发住房城乡建设科技创新“十三五”专项规划的通知》（建科〔2017〕166号）中提出：发展既有住区适老化、低能耗改造技术，突破性能导向的建筑监测及运营管理关键技术、隔震减震和建筑物寿命提升技术、停车设施升级改造技术。研究老旧小区改造规划、功能提升及修缮保护技术、适宜的新型电梯设备和电梯加装技术。全面提升既有住宅的品质、功能和宜居性。2021年，住房和城乡建设部、国家发展改革委、财政部联合印发《关于进一步明确城镇老旧小区改造工作要求的通知》（建办城〔2021〕50号），要求各地把牢底线要求，坚决把民生工程做成群众满意工程。同时，聚焦难题攻坚，充分激发老旧小区改造发展工程作用，提出了民生工程、发展工程各10条工作要求。2023年，住房和城乡建设部等7部门联合印发《关于扎实推进2023年城镇老旧小区改造工作的通知》（建办城〔2023〕26号），要求各地聚焦“楼道革命”“环境革命”“管理革命”，在更新改造老化和有隐患的管线管道、增设配套设施、适老化和适儿化改造、无障碍环境建设、引入专业物业服务等方面合理确定改造内容、改造方案和标准，扎实推进改造工作。

5. 聚焦“一老一小”，促进居住空间适老化和适儿化

当前，我国人口结构正在面临老龄化、少子化的挑战，做好老有所养、幼有所育，事关人民群众福祉，是经济社会发展的基础工作之一。党的二十大报告指出，要“优化人口发展战略，建立生育支持政策体系，降低生育、养育、教育成本。实施积极应对人口老龄化国家战略，发展养老事业和养老产业，优化孤寡老人服务，推动实现全体老年人享有基本养老服务”，为推动“一老一小”事业发展明确了目标愿景，作出了战略部署。

2019年，国务院办公厅印发《关于推进养老服务发展的意见》（国办发〔2019〕5号），提出促进养老服务基础设施建设，敬老院改造提升、老年人居家适老化改造，养老服务设施分区分级规划建设、完善养老服务设施供地政策等要求。2020年，民政部、住房和城乡建设部等部门联合印发《关于加快实施老年人居家适老化改造工程的指导意见》（民发〔2020〕86号），明确“十四五”期间实施特殊困难老年人家庭适老化改造，加快培育居家适老化改造市场，有效满足城乡老年人家庭居家养老需求的任务目标，同时统筹施工改造、设施配备、老年用品配置，提出了居家适老化改造项目和老年用品配置推荐清单，明确7项基础类项目和23项可选类项目，指导各地针对老年人多层次的改造需求，合理确定本地区改造项目内容。

2021年，国家发展改革委、国务院妇女儿童工作委员会、住房和城乡建设部等23部门联合印发《关于推进儿童友好城市建设的指导意见》（发改社会〔2021〕1380号），提出从社会政策、公共服务、权利保障、发展环境、成长空间五方面推进儿童友好城市建设。2022年，国家发展改革委、住房和城乡建设部、国务院妇女儿童工作委员会联合发布《城市儿童友好空间建设导则（试行）》，提出了“一建三改两增”的建设框架，明确儿童友好街区、儿童友好社区的建设要求，以及公园绿地、出行空间等适儿化改造的要求，并对增补儿童游憩设施、儿童校外活动场所作出规定。

6. 推进物业服务升级，提升居住体验

物业管理是城市管理和社会治理的重要基础性工作，与人民群众的幸福指数息息相关。推进物业服务向高品质和多样化升级，提升住宅物业管理服务，既是完善社会治理体系的必然要求，也是提高人民生活品质的现实需要，更是实现高质量发展的重要内容。为了规范物业管理活动，维护业主和物业服务企业的合法权益，改善人民群众的生活和工作环境，我国于2003年颁布了《物业管理条例》（中华人民共和国国务院令第379号），确立了一系列重要的物业管理制度，对业主及业主大会、前期物业管理、物业管理服务、物业的使用与维护等方面作了相应规定，并明确了法律责任。

住宅小区是居民生活的主要空间，住宅物业管理事关群众生活品质，在促进居民家庭财产的保值增值，维护住宅小区安定和谐等方面具有重要作用。2020年，住房和城乡建设部等部门联合印发《关于加强和改进住宅物业管理工作的通知》（建房规〔2020〕10号），从融入基层社会治理体系、健全业主委员会治理结构、提升物业管理服务水平、推动发展生活服务业、规范维修资金使用和管理、强化物业服务监督管理6个方面对提升住宅物业管理水平和效能提出要求。2021年，国务院办公厅转发国家发展改革委《关于推动生活性服务业补短板上水平提高人民生活品质若干意见的通知》（国办函〔2021〕103号），强调大力发展社区服务等群众“家门口”的生活服务。推动公共服务机构、便民服务设施、商业服务网点辐射所有城乡社区，推动社区物业延伸发展基础性、嵌入式服务。

当前，面对人口老龄化等问题，如何打通居家养老服务的“最后一公里”，缩短物业服务半径，加快响应速度是社会关注的热点话题。2020年，住房和城乡建设部等部门联合印发《关于推动物业服务企业发展居家社区养老服务的意见》（建房〔2020〕92号），提出补齐居家社区养老服务设施短板、推行“物业服务+养老服务”居家社区养老模式、丰富居家社区养老服务内容、积极推进智慧居家社区养老服务、完善监督管理和激励扶持五方面内容共十九条措施，切实增加居家社区养老服务有效供给，更好满足广大老年人日益多样化多层次的养老服务需求，着力破解高龄、空巢、独居、失能老年人生活照料和长期照护难题，促进家庭幸福、邻里和睦、社区和谐。同年，印发《关于推动物业服务企业加快发展线上线下生活服务的意见》（建房〔2020〕99号），从构建智慧物业管理服务平台、全域全量采集数据、推进物业管理智能化、融合线上线下服务、推进共建共治共享等方面，要求物业企业基于信息化、数字化、智能化加快智慧物业管理服务平台建设，补齐居住社区服务短板，满足居民多样化多层次生活服务需求，增强人民群众的获得感、幸福感、安全感。

7. 地方政策环境

在国家政策引导下，北京、山东、宁夏、江苏等因地制宜地出台了相关政策，推进地方住宅建设高质量发展。

（1）北京市

为了落实《北京城市总体规划（2016年－2035年）》中提出的建设国际

一流和谐宜居之都的要求，提高商品住房项目建筑品质，北京市在《北京市“十四五”时期住房和城乡建设科技发展规划》的重点发展方向中提出，促进住区环境和住房品质提升，以住区居民为中心，以提升人居环境和住房品质为目标，通过住区和住房绿色、健康、舒适、友好等性能提升技术，促进绿色建筑、可持续建筑、健康建筑建设，加快数字家庭发展，助力城市住区建设质量、服务水平和治理能力提升，推动安全健康、设施完善、管理有序、宜居宜业的城市住房发展。

2021 年，北京市住房和城乡建设委员会印发《关于规范高品质商品住宅项目建设管理的通知》（京建发〔2021〕384 号），以人民获得感为根本出发点，提出高标准商品住宅建设要求，包括最低品质要求和更高品质商品住宅建设方案（建筑品质）。其中最低品质要求为绿色建筑二星级标准、采用装配式建筑且装配率达到 60%、设置太阳能光伏或光热系统；高品质商品住宅建设方案由绿色建筑、装配式建筑、超低能耗建筑、健康建筑、宜居技术应用和管理模式六个部分组成，并对高品质商品住宅项目建设管理和相关内容指标有效落实提出了具体要求。

（2）山东省

山东省高度重视住宅建设质量，聚焦影响工程质量的关键领域、突出问题，出台了一系列文件。2022 年，山东省住房和城乡建设厅先后印发《关于调整新建住宅工程质量保修期的指导意见》（鲁建质安字〔2022〕4 号）、《关于进一步加强住宅工程渗漏防控工作的若干措施》（鲁建质监字〔2022〕4 号）、《关于全面推行“先验房后收房”制度 推动提升住宅工程交付质量的通知》（鲁建质安字〔2022〕6 号），为提高住房品质提供政策保障。

为满足人民群众日益增长的美好生活需要，带动全省住宅品质整体提升，2023 年，山东省住房和城乡建设厅印发《山东省高品质住宅开发建设指导意见》，围绕“质量、功能、低碳、服务”四个重点，从政策标准、规划设计、施工建造、查验交付、物业运维等环节入手，提出 12 项具体工作，明确山东省高品质住宅应符合高质量发展要求，具备质量优良、安全耐久，功能优化、健康舒适，环境优美、便利宜居，设施完善、技术先进，低碳绿色、节能环保，服务精细、邻里和谐的品质，并应体现人文美学价值、引领美好居住生活发展方向。

（3）宁夏回族自治区

为加快推进绿色建筑高质量发展和建筑垃圾减量化，规范建筑工程绿色施工，2021年，宁夏回族自治区住房和城乡建设厅印发《宁夏绿色施工专项提升行动实施方案》，要求通过深入开展绿色施工评价工作，贯彻执行建筑施工法律法规和绿色施工标准规范，建立绿色施工监管机制，最大限度地节约资源、再利用资源，对建筑垃圾进行分类收集和排放，减少对环境负面影响，实现节能、节材、节水、节地和环境保护良好效果。

为进一步推动住房高质量发展，发挥高品质住宅试点项目示范引领作用，努力建设更多的好房子，2023年，宁夏回族自治区住房和城乡建设厅印发了《提升新建商品住宅品质助力建设“好房子”实施方案》（宁建（房）发〔2023〕4号），提出三个方面、六项具体任务：一是组织开展“好房子”样板推选活动；二是开展“好房子”样板宣传推介活动；三是研究“好房子”标准；四是制定《宁夏回族自治区高品质商品住宅技术导则》；五是开展试点工作；六是评定示范项目。

（4）江苏省

为促进房地产市场健康发展，进一步加强新建商品住房全装修监管，切实维护人民群众合法权益，2019年，江苏省南京市住房保障和房产局、南京市城乡建设委员会、南京市物价局联合印发《关于进一步加强我市商品住房全装修建设管理的通知》（宁房市字〔2019〕15号），提出全装修应随商品住房主体工程一道，同步设计、建设、监管、交付，实行对全装修工程的全过程监管。在施工过程管理方面，2021年，南京市城乡建设委员会发布《南京市住宅工程质量分户验收管理办法》，强化分户验收主体责任管理要求，建设单位未组织分户验收或分户验收不合格的，不得组织竣工验收；提出在建设单位组织分户验收的基础上，监督机构按照100户以下2户、每增加50户相应增加1户的比例进行抽查等具体要求。同年，南京市城乡建设委员会发布《关于加强住宅工程渗漏防控工作的若干意见》，进一步加强防水工程质量管理，提升住宅工程品质。

江苏省南通市为推进生态宜居城市建设、切实提升人居环境品质，2023年，市住房和城乡建设局印发《关于试点立体园林绿色生态建筑的实施方案》（通住建设〔2023〕120号），在市区范围内试点立体园林绿色生态建筑，通过建筑外墙垂直绿化和平台（屋顶）立体绿化，将空中花园庭院、空中停车与现代电梯楼房相结合，形成层层有街巷或户户有花园庭院的建筑形式，将绿色生态理念注入城市建筑实践，促进房地产转型发展，改善城市形象。

江苏省泰州市为提升商品住宅交付的规范化与先进化，利用建筑信息化技术让广大老百姓买到所见即所得的好房子，2022年、2023年，市住房和城乡建设局印发《关于推行商品住宅使用说明书（数字版）的通知》（泰建发〔2022〕33号）、《关于深化商品住宅使用说明书（数字版）应用工作的通知》（泰建发〔2023〕51号），要求商品房交付时，购房者可以通过手机扫描二维码，了解住宅的建筑、结构、电气、给水排水、供热、燃气等建筑信息模型，打破传统交房方式中对所购房屋信息了解难度高、装修改造困难大、后期维修问题多等困扰购房者的问题，提升购房者的购房体验，促进住宅建设向精细化设计、精细化管理转型。

（二）社会需求

1. 完善住宅质量保障体系

目前我国住宅建筑工程质量保障体系还不健全，在建设阶段主要表现为：参建各方主体责任尤其是建设单位首要责任不落实，建筑市场体制机制不健全，建筑工人职业化、专业化、技能化水平不高，政府监管机制创新不足等。在住宅使用阶段，房屋所有权人应承担房屋使用安全主体责任动力不足，房屋养老金制度、房屋体检制度和房屋质量保险制度等尚处在试点探索阶段，运用市场机制保障房屋使用安全和运行维护尚不成熟，基于全生命期的住宅质量保障体系尚不完善。

建设单位作为牵头建造住宅的阶段性角色，并不能系统反馈和解决居民使用阶段对于家庭人口结构变化、居家办公、云课堂教育等非安全诉求。当前的小区物业服务也难以成为住宅产品全寿命期使用质量、运行维护质量和特殊时期(如养老、居家隔离)服务供给的专业力量。

在标准方面，国家、行业标准是住宅建造过程中需要满足的最低要求，随着时代发展和人们生活理念的改变，对于健康、舒适、可变等性能方面的要求在不断提升，标准也面临着更新和调整。目前团体标准虽然数量越来越多，但标准的质量参差不齐，距离建立适应住宅产品的企业标准和团体标准供给环境与社会氛围仍有一定差距。

为了解决住宅质量问题，需要明确工程质量首要责任主体，一般而言，应当由开发建造住宅的企业承担首要主体责任，并由这一个责任主体提供住宅产品的性能声明和质量标识，通过明确住宅产品性能或技术的负面清单，实现住宅产品的生产、技术、维护三位一体的主体责任要求。产品质量的责任主体，应对产品的质量负责，对产品的正常使用和运行维护提出要求，负责或委托第三方开展产品维保服务。明确责任主体是政府职能转变和强化市场责任主体的客观要求，符合我国住宅供给侧改革的现实要求，也是我国迈向现代工业化、应对老龄化社会、加快新型城镇化发展的迫切需求。

通过政府监管和社会监督，厘清政府监管职责与市场主体责任的关系，避免以标准规范和前置审查为市场责任主体背书的现象。不断完善安全、健康和可持续方面住宅产品质量负面清单管理，促进全社会关注产品质量、关注人的健康和自然资源的可持续，促进社会对于团体标准和企业标准的重视与健康发展。

2. 提升居住品质

老旧小区改造是改善既有住宅条件，提升居住品质的重要抓手。在老旧小区改造推进过程中，虽然不同地区、不同城市、不同小区表现出来的问题主要集中在建筑老化、配套短缺、道路阻塞、环境破败等方面，但在实际改造过程中，由于经济水平、地理环境、生活习惯各不相同，各个小区的改造需求也千差万别。因此，因地制宜、精准施策是当前老旧小区改造的关键。

一是改造工作要聚焦小区居民最关心、最直接、最现实、最迫切的改善居住条件的要求，合理确定改造方案，分类实施整治改造。二是充分考虑不同小区所处的地域地理环境特点，在保证住宅的日照间距、保暖、节能、设施配置等方面改造符合标准的基础上，制定更具特色、更符合环境特征的改造方案。三是将改造工作与当地文化基因融合，评估小区所在地段的历史文化价值，做好保护与改造的平衡，兼顾改善居住条件和延续历史文脉的双重要求。

在着力提升改善既有住宅居住品质的同时，也需要关注当下和未来人民群众对于住宅品质提升的新需要。例如，当前我国生育观念发生深刻变革，结婚率和生育率均有下降，单身居住群体逐渐增多，住宅在满足居住功能外，仍需具备社交、休闲、养宠等多方面的需要。随着共享经济和共享生活等理念的深入人心，青年共享社区开始蓬勃发展，打破了传统住宅强调私密性的观念，此类住宅的居住品质更多体现在共享空间的全面和便利上，更加注重共享空间的建设和利用。此外，随着家庭生活、人口、不同时期功能需求的变化，住宅二次装修的需求逐渐增多，在装修时不得不对墙体、地面“开膛破肚”，不同程度破坏了房屋结构，影响了住宅安全，在这样的现实背景下，实现质量的稳定性和耐久性、内部空间转换的机动性、维护更新的便利性则成为提高住宅的舒适度、提升居住品质的重要因素。

3. 满足多样化需求

我国历史悠久、疆域辽阔、民族众多，不同地域具备不同的自然条件和地理环境，不同民族也拥有不同的历史传统、生活习俗、人文条件和审美观念。建设建筑形态与风格体现地方特色和民族风格的住宅，对促进传统文化保护，增强当地居民的归属感具有重要意义。

在住宅外部设计方面，可从外观、材料、颜色和整体造型等方面融入地方特色，反映当地的传统建筑风格或者与周围环境相协调。通过采用当地独特的建筑元素，如传统的屋顶设计、装饰图案或者特定的建筑材料，突出地域特点。在住宅内部设计方面，将当地文化、生活习惯、传统习俗等元素融入室内布局、装饰风格等方面，创造符合当地传统观念的住宅空间。此外，在住区层面，可以通过设置当地艺术家作品、民间手工艺品或者传统文化展示，加强地方文化传承。

住宅需求的多元性不仅体现在地区差异上，还体现在年龄差异上。根据老年人、成年人、青少年和儿童等不同年龄群体的特殊需求和生活方式，打造能够满足各个年龄阶段居民需求的住房，是住宅建设以人为本的重要体现。同时，在当前应对人口老龄化，鼓励生育的背景下，住宅作为基本生活空间，需要为老有所养、幼有所育提供支持。围绕全年龄段、全生命周期、多元化、多层次需求，从规划设计、建设施工、运维管理、物业服务等全流程各环节打造全龄友好型住区和住宅，便利老人生活，促进儿童健康成长，是实现高质量发展、高品质生活的必经之路。

总体上，全龄友好住宅应以设计为主，实现多功能、可定制的空间，能够容纳各种家庭结构和活动，包括独居、小家庭和多代同堂等。对于老年人，友好住宅需要考虑可达性和无障碍设施，如防滑地板、扶手、坡道等设计能帮助老年人保持平衡和自由移动，同时房屋设计应避免障碍物，降低跌倒风险。对于儿童，友好住宅需要考虑教育、娱乐和社交需求，提供安全的学习空间、娱乐区和社交活动场所，同时保持良好的家长可见度，创造一个适合成长的环境。此外，全龄友好住宅还应该充分考虑医疗、教育、交通等配套设施的便利性，以便满足不同年龄段居民的需求。

三、标 准 体 系

我国的工程建设标准体系发展经历了四个阶段：一是标准全部强制实施阶段。20 世纪 60 至 80 年代，陆续发布实施了《中华人民共和国标准化管理条例》等一系列标准化管理法规与规范性文件，逐步确定了我国工程建设标准全部强制实施的属性。二是强制性标准与推荐性标准相结合阶段。20 世纪 80 年代末期，随着《中华人民共和国标准化法》和《中华人民共和国标准化法实施条例》的颁布施行，我国将强制性标准和推荐性标准区分开来，并将标准的管理机构由原先的政府管理过渡到政府管理机构和政府委托的专业社会团体共同管理。三是区分全文强制与条文强制阶段。20 世纪 90 年代起，国家质量技术监督局将强制性标准分为全文强制和条文强制两种形式，由建设部整理发布《工程建设标准强制性条文》。同时，为了接轨世界贸易组织的要求，探索技术法规在我国的体现形式，编制了《住宅建筑规范》GB 50368-2005 等全文强制性工程建设规范。四是深化标准化工作改革阶段。2015 年，国务院印发《深化标准化工作改革方案》，提出将政府主导制定的标准精简为强制性国家标准、推荐性国家标准、推荐性行业标准、推荐性地方标准四类；2016 年，住房和城乡建设部《关于深化工程建设标准化工作改革的意见》提出“逐步用全文强制性标准取代现行标准中分散的强制性条文”。目前，已发布实施《工程结构通用规范》GB 55001-2021 等 37 项全文强制性工程建设规范，初步建立以全文强制性工程建设规范为核心，国家和行业推荐性标准、团体标准相配套的工程建设标准体系。

在深化工程建设标准化工作改革的总体思路下，依据《中华人民共和国工程建设标准体系》，构建了以全文强制性工程建设规范为顶层设计，以推荐性工程建设标准为支撑的住宅标准体系。依据适用性、科学性、系统性的原则，形成了住宅标准体系树状图和住宅标准体系表。

（一）住宅标准体系树状图（图 1）

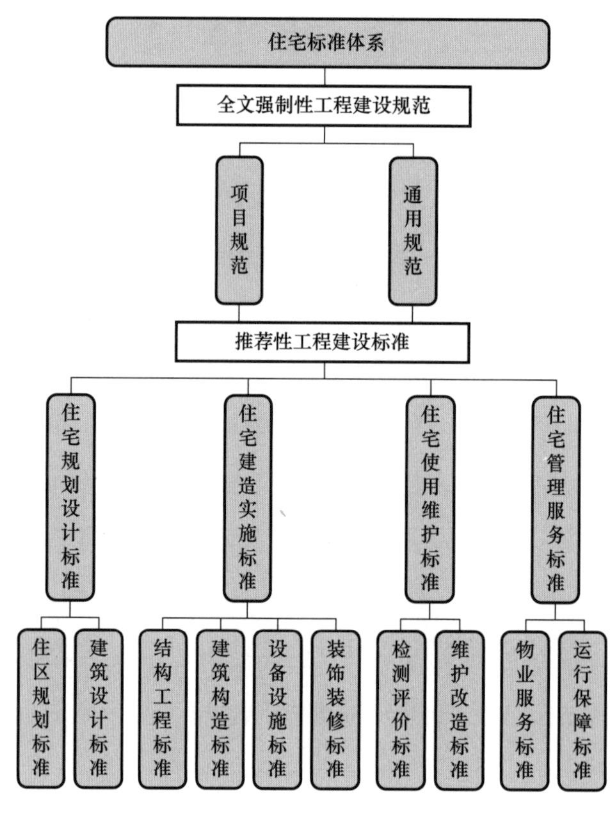

图 1　住宅标准体系树状图

住宅标准体系中，全文强制性工程建设规范包括以《住宅项目规范》为代表的项目规范，以及《工程结构通用规范》GB 55001-2021 等适用于住宅的通用规范；推荐性工程建设标准包括在住宅领域普遍使用的术语、图形、模数、分类等标准，以及针对住宅类标准化对象制定的住宅规划设计、住宅建造实施、住宅使用维护和住宅管理服务四类标准。

住宅规划设计标准包括住区规划标准与建筑设计标准，体现以科技赋能住宅，营造安全、舒适、健康、便捷的居住环境；住宅建造实施标准包括结构工程标准、建筑构造标准、设备设施标准与装饰装修标准，体现为人民群众提供高品质的生活空间；住宅使用维护标准包括检测评价标准与维护改造标准，推进以房屋体检为基础的住宅全生命周期安全保障；住宅管理服务标准包括物业服务标准与运行保障标准。

目前住宅标准体系还存在现行标准覆盖不足的情况，在总图设计、综合验收、住房体检、服务管理等方面需补充国家或行业层级标准，并根据行业发展和市场需求进一步细化延伸。同时，鼓励制定符合地域特点的地方标准，以及具有创新性和竞争性的高水平团体标准，持续更新完善我国住宅标准体系。鼓励协会、学会等社会组织主动承接政府转移的标准，制定新技术和市场缺失的标准，不断推进我国高品质住宅建设。

（二）住宅标准体系表（表1）

住宅标准体系表 **表1**

编号	标准项目名称	标准编号
全文强制性工程建设规范		
项目规范		
1	住宅项目规范	在编
通用规范		
2	工程结构通用规范	GB 55001-2021
3	建筑与市政工程抗震通用规范	GB 55002-2021
4	建筑与市政地基基础通用规范	GB 55003-2021
5	组合结构通用规范	GB 55004-2021
6	木结构通用规范	GB 55005-2021
7	钢结构通用规范	GB 55006-2021
8	砌体结构通用规范	GB 55007-2021
9	混凝土结构通用规范	GB 55008-2021
10	建筑节能与可再生能源利用通用规范	GB 55015-2021
11	建筑环境通用规范	GB 55016-2021
12	工程勘察通用规范	GB 55017-2021
13	工程测量通用规范	GB 55018-2021
14	建筑与市政工程无障碍通用规范	GB 55019-2021
15	建筑给水排水与节水通用规范	GB 55020-2021

续表

编号	标准项目名称	标准编号
16	既有建筑鉴定与加固通用规范	GB 55021-2021
17	既有建筑维护与改造通用规范	GB 55022-2021
18	施工脚手架通用规范	GB 55023-2022
19	建筑电气与智能化通用规范	GB 55024-2022
20	建筑安全防范通用规范	GB 55029-2022
21	建筑与市政工程防水通用规范	GB 55030-2022
22	民用建筑通用规范	GB 55031-2022
23	建筑与市政工程施工质量控制通用规范	GB 55032-2022
24	建筑与市政施工现场安全卫生与职业健康通用规范	GB 55034-2022
25	消防设施通用规范	GB 55036-2022
26	建筑防火通用规范	GB 55037-2022
推荐性工程建设标准		
术语标准		
27	建筑术语标准	在编
28	民用建筑设计术语标准	GB/T 50504-2009
29	住宅部品术语	GB/T 22633-2008
图形标准		
30	房屋建筑制图统一标准	GB/T 50001-2017
31	总图制图标准	GB/T 50103-2010
32	建筑制图标准	GB/T 50104-2010
33	建筑结构制图标准	GB/T 50105-2010
34	建筑给水排水制图标准	GB/T 50106-2010
35	暖通空调制图标准	GB/T 50114-2010
36	建筑电气制图标准	GB/T 50786-2012
37	房屋建筑室内装饰装修制图标准	JGJ/T 244-2011
38	建筑工程设计信息模型制图标准	JGJ/T 448-2018
模数标准		
39	建筑模数协调标准	GB/T 50002-2013
40	住宅厨房模数协调标准	JGJ/T 262-2012

续表

编号	标准项目名称	标准编号
41	住宅卫生间模数协调标准	JGJ/T 263-2012
42	工业化住宅尺寸协调标准	JGJ/T 445-2018
分类标准		
43	建设工程分类标准	GB/T 50841-2013
住宅规划设计标准		
44	住宅设计规范	GB 50096-2011
45	城市居住区规划设计标准	GB 50180-2018
住区规划标准		
46	居住绿地设计标准	CJJ/T 294-2019
建筑设计标准		
47	住宅建筑规范	GB 50368-2005
48	住宅区和住宅建筑内通信设施工程设计规范	GB/T 50605-2010
49	住宅区和住宅建筑内光纤到户通信设施工程设计规范	GB 50846-2012
50	严寒和寒冷地区居住建筑节能设计标准	JGJ 26-2018
51	夏热冬暖地区居住建筑节能设计标准	JGJ 75-2012
52	夏热冬冷地区居住建筑节能设计标准	JGJ 134-2010
53	住宅建筑电气设计规范	JGJ 242-2011
54	城市居住区热环境设计标准	JGJ 286-2013
55	住宅室内装饰装修设计规范	JGJ 367-2015
56	装配式住宅建筑设计标准	JGJ/T 398-2017
57	温和地区居住建筑节能设计标准	JGJ 475-2019
58	装配式住宅设计选型标准	JGJ/T 494-2022
住宅建造实施标准		
结构工程标准		
59	轻型钢结构住宅技术规程	JGJ 209-2010
60	冷弯薄壁型钢多层住宅技术标准	JGJ/T 421-2018
61	装配式钢结构住宅建筑技术标准	JGJ/T 469-2019
建筑构造标准		
62	住宅室内防水工程技术规范	JGJ 298-2013

续表

编号	标准项目名称	标准编号
设备设施标准		
63	建筑与小区雨水控制及利用工程技术规范	GB 50400-2016
64	住宅区和住宅建筑内通信设施工程验收规范	GB/T 50624-2010
65	住宅信报箱工程技术规范	GB 50631-2010
66	住宅区和住宅建筑内光纤到户通信设施工程施工及验收规范	GB 50847-2012
67	建筑与小区管道直饮水系统技术规程	CJJ/T 110-2017
68	住宅排气管道系统工程技术标准	JGJ/T 455-2018
装饰装修标准		
69	住宅装饰装修工程施工规范	GB 50327-2001
70	住宅室内装饰装修工程质量验收规范	JGJ/T 304-2013
71	住宅建筑室内装修污染控制技术标准	JGJ/T 436-2018
72	装配式内装修技术标准	JGJ/T 491-2021
73	装配式整体卫生间应用技术标准	JGJ/T 467-2018
74	装配式整体厨房应用技术标准	JGJ/T 477-2018
住宅使用维护标准		
75	住宅性能评定标准	GB/T 50362-2022
检测评价标准		
76	住宅建筑室内振动限值及其测量方法标准	GB/T 50355-2018
77	建筑及居住区数字化技术应用 第2部分：检测验收	GB/T 20299.2-2006
78	住宅生活排水系统立管排水能力测试标准	CJJ/T 245-2016
79	居住建筑节能检测标准	JGJ/T 132-2009
80	装配式住宅建筑检测技术标准	JGJ/T 485-2019
维护改造标准		
81	既有居住建筑节能改造技术规程	JGJ/T 129-2012
82	既有住宅建筑功能改造技术规范	JGJ/T 390-2016
83	既有社区绿色化改造技术标准	JGJ/T 425-2017
住宅管理服务标准		
物业服务标准		
84	建筑及居住区数字化技术应用 第3部分：物业管理	GB/T 20299.3-2006

续表

编号	标准项目名称	标准编号
运行保障标准		
85	住房公积金支持保障性住房建设项目贷款业务规范	GB/T 50626-2010
86	住房公积金个人住房贷款业务规范	GB/T 51267-2017
87	住房公积金归集业务标准	GB/T 51271-2017
88	住房公积金提取业务标准	GB/T 51353-2019
89	住房保障信息系统技术规范	CJJ/T 196-2012
90	住房保障基础信息数据标准	CJJ/T 197-2012
91	住宅专项维修资金管理基础信息数据标准	CJJ/T 257-2017
92	住宅专项维修资金管理信息系统技术规范	CJJ/T 258-2017
93	住房公积金基础数据标准	JGJ/T 320-2014
94	住房公积金信息系统技术规范	JGJ/T 388-2016
95	公共租赁住房运行管理标准	JGJ/T 433-2018

本标准体系表主要包括住宅建设领域相关国家标准和行业标准（共计 56 项国家标准、39 项行业标准），为指导住宅建设、提升住宅品质发挥了重要作用。在此基础上，地方标准结合住宅建设地域特点，因地制宜为本地住宅建设提供更具特色、适用性更强的指导。如在绿色健康方面，北京市发布了《健康建筑设计标准》DB11/ 2101-2023、重庆市发布了《绿色生态住宅（绿色建筑）小区建设技术标准》DBJ50/T-039-2020 等；安全耐久方面，山东省制定了《百年住宅建筑设计规程》DB37/T 5213-2022、河南省发布了《河南省成品住宅工程质量分户验收规程》DBJ41/T 194-2018 等；全龄友好方面，江苏省制定了《老年人住宅设计标准》DB32/T 4164-2021、上海市发布了《住宅无障碍改造技术指南》DB31/T 1314-2021 等；智慧便捷方面，浙江省发布了地方标准《智能信包箱通用技术规范》DB33/T 2309-2021、广东省发布了《智能家居系统设计导则》DB44/T 1446-2014 等；物业服务方面，黑龙江省发布了《黑龙江省住宅物业服务规范》DB23/T 3085-2022、山西省发布了《住宅物业服务规范》DB14/T 1542-2017 等，对国家和行业标准起到了重要的补充作用。

团体标准与国家和行业标准相配套和衔接，及时跟进技术更新迭代和人民需求变化，在绿色健康、安全耐久、全龄友好、质量控制等方面进一步细化延伸。如《高品质住宅综合评定标准》T/TJ 1-2022 对住宅在安全与耐久、舒适与健康、设施与便捷、经济与价值、服务与文化等品质方面进行了具体规定，《健康住宅建设技术规程》CECS 179:2009 和《健康住宅评价标准》T/CECS 462-2017 用健康理念指导住宅建设，《百年住宅建筑设计与评价标准》T/CECS-CREA 513-2018 为百年住宅建筑的全寿命期设计与评价提供了依据。

（三）住宅主要标准

工程建设标准为住房建设划定了底线要求，为促进住宅建设高质量发展，保障居民的基本住房条件和居住环境提供技术支撑。以下选取了部分国家标准、地方标准、团体标准为代表进行重点介绍。

1. 国家标准

（1）《住宅项目规范》

1）简介

国家标准《住宅项目规范（报批稿）》（本节简称《项目规范（报批稿）》），以住宅项目为对象，全面系统规定了住宅项目的规模、布局、功能、性能和关键技术措施等控制性底线要求，以全文强制规范的形式，取代现行标准中的强制性条文。

《项目规范（报批稿）》共有 7 章，分别为总则、基本规定、居住环境、建筑空间、结构、室内环境、建筑设备，适用于全国城镇新建、改建和扩建的住宅项目的建设、使用和维护。一是对住宅项目规模布局、建设要求、使用维护提出基本要求。二是对室外环境、场地、配套设施等居住环境作出相关规定。三是对建筑空间作出规定，包括卧室、卫生间等套内空间，以及走廊、电梯、设备间等公共空间。四是提出建筑结构方面的要求。五是对室内环境提出噪声控制、采光、通风等方面的性能要求。六是对给水排水、暖通空调、燃气、电气、智能化等建筑设备作出相关规定。

2）主要亮点

一是在安全耐久方面，确保结构安全，并针对住宅火灾事故频发、伤亡损失严重等情况，对住宅保障人员疏散、防止火灾蔓延、保障结构耐火、提供灭火救援等要求作出系统性规定。针对公共区域地滑易摔倒、高空坠物伤人等情况，明确公共部位地面摩擦系数应大于0.6，将预留空调室外安装位置提升为强制性规定，防止安装人员和用户日常维护时发生坠亡事故。针对外墙外保温脱落砸车伤人等问题，强制要求外保温系统的设计工作年限不应低于25年，强化保障人身安全和财产安全。

二是在健康舒适方面，为提升居民的生活质量和空间感受，同时有助于自然通风、提升空气品质，将卧室、起居室室内净高从2.40米提高到2.50米，提升居民生活质量。借鉴英国、丹麦、瑞典和波兰的标准做法，新增对电梯、水泵、变压器等设备低频噪声的规定，对卧室、起居室楼板撞击声压级限值从75分贝提升到65分贝，提高了住宅的隔声性能。

三是在生活便利方面，为适应我国老龄化趋势，满足残疾人、医疗救援、生活搬运重物等需求，将现行标准中“入户层七层及以上的住宅应设置电梯”的要求修改为“二层起设电梯，并明确四层及以上应设置一台可容纳担架电梯”。首次要求住宅出入口、城市或镇区道路系统相互连通，并满足急救、消防及运输车辆的通达要求。新增住宅项目应设置快递箱（柜）或预留安装条件，垃圾收集点应具有标识标志的强制性要求。

四是在资源节约方面，面向应对气候变化、推动绿色发展的新要求，明确住宅项目应配置新能源汽车充电设施或预留安装条件。为响应节能节水号召，规定住宅内用水、用电、供热、燃气应分户计量。

五是在环境宜居方面，为达成住宅全龄友好的发展目标，首次明确每个居住单元应设置无障碍出入口，且出入口应与老年人和儿童活动场地形成完整的无障碍步行系统，应与城市或镇区道路的步行系统无障碍衔接。明确出入口平台净深度不应小于1.50米、上方应设置雨篷等要求。

3）社会、环境、经济效益

社会效益方面，《项目规范（报批稿）》规定了住宅项目在结构安全、火灾安全、使用安全，无障碍设计，卫生、健康与环境，噪声控制，资源节约和合理利用以及其他涉及公众利益方面，必须达到的指标或性能要求，是城镇住宅项目建设、使用和维护的底线要求，坚持以人民为中心的发展思想，把人民生命安全和身体健康放在第一位，直接体现了《项目规范（报批稿）》具有社会效益。

环境效益方面，《项目规范（报批稿）》第1.0.3条规定“住宅项目建设应以适用、经济、绿色、美观为目标”，符合节约资源、保护环境的基本原则。第2.2.9条规定“住宅建筑及其设备应能有效利用能源和水资源”。这些条款的规定以及《项目规范（报批稿）》中的住宅间距、日照标准、绿地率、室内噪声、日照采光照明和自然通风、室内空气质量等指标的设置，全面体现了《项目规范（报批稿）》本身追求环境效果的特点。

经济效益方面，《项目规范（报批稿）》所有条文均是直接涉及住宅项目工程质量、安全、卫生及环境保护等方面的强制性条文，编制的目的之一就是落实建筑方针的要求，经济合理是建设基本原则之一，其实施所产生的经济效益，将突出体现在节能、节材、节地、节水等方面。同时，《项目规范（报批稿）》通过合理规划以合理使用土地和空间，通过节能设计有效利用能源，通过材料性能控制和结构合理设计保证结构安全性和耐久性等，具有良好的经济效益。

（2）《城市居住区规划设计标准》

1）简介

居住区规划建设涉及民生保障，国家高度关注。1980年，《城市规划定额指标暂行规定》提出居住区规划的部分定额指标。1993年实施的《城市居住区规划设计规范》GB 50180—93，是我国实施最早、使用普及率最高的城市规划强制性国家标准之一。该规范于1994年开始施行，并分别于2002年及2016年进行过两次局部修订。2018年，为落实国家新时代的发展理念和要求，对《城市居住区规划设计规范》GB 50180—93进行了修订，形成《城市居住区规划设计标准》GB 50180—2018（本节简称《规划标准》）。

《规划标准》遵循“以人民为中心”“绿色发展”的原则，引入生活圈理念，落实以人为本、全龄友好的要求，重视无障碍改造，保障住区安全、绿地配置，确保居住生活环境宜居适度。充分发挥规划标准的政策性、导向性作用，引导居住区科学规划、合理开发、健康发展，实现居住生活的“更健康、更安全、更宜居”。

2）主要亮点

居住区分级：以“生活圈”构建居住区分级模式，以居民适宜的步行时间及其可达路程确立居住区分级模式，形成5分钟、10分钟和15分钟三级生活圈居住区，作为设施分级配套的出发点，引导配套设施的合理布局。同时，对接基层治理体系，也适用于老旧居住区改造、城市更新工作，校核设施承载能力以及设施服务覆盖的情况，有利于逐步查漏补缺。

约束街区尺度：以居住街坊（2公顷～4公顷范围）为基本生活单元，对接“小街区、密路网”，落实“开放街区”和“路网密度”，使居民能够以更短的步行距离到达周边的服务设施或公交站点，有利于提升街区活力，引导形成尺度宜人、慢行优先的生活空间。

完善配套设施：强调不同生活圈满足不同的生活需求，越必需越常用、方便度要求越高的设施，服务半径越小；针对老龄化趋势及其生活特征，规定了基层养老服务设施的设置要求；针对全民健身，提出了居住区基层群众体育活动设施的设置要求；对老年人、儿童活动设施、无障碍设施等居住区全龄化发展，提出了控制要求。

合理确定公共绿地标准：在充分研究、确保可行的前提下，居住区人均公共绿地指标提升了3平方米，强化了公共绿地的“亲民布局”，使居民在住所附近见到绿地、亲近绿地。探索社区体育设施无空间、无主体、难落实等“瓶颈”问题，首次提出新建居住区公园应配置10%～15%的体育活动场地，保障居民身边社区体育活动空间可落地、能实施。

保障居住环境品质：增加了安全性选址要求及“居住环境”章节，对居住区的自然环境、空间环境、物理环境等提出了规划设计与建设控制原则，以引导居住区建设塑造宜居的生活环境。增加了顺应自然、因地制宜、透水增绿等低影响开发、海绵城市建设的绿色发展控制要求。

支撑精细化设计与管理：坚持针对实际建设问题提出有效的精细化管控要求及引导措施，开创性地构建了“指标组合控制体系”，在规划阶段引入组合型控制指标，为引导居住环境的宜居适度、控制空间形态、提升居住品质、塑造城市风貌，提供科学可量化、易用可实施的规划设计技术支撑。

3）社会、环境、经济效益

社会效益方面，《规划标准》以目标导向、控制要求以及指标规定等技术手段，规范和引导居住区规划建设进一步完善配套设施，并为提高生活服务水平、抑制过分追求高强度开发、有效管控居住形态、优化居住环境提供了技术支撑，充分体现“以人民为中心”的社会效益。

环境效益方面，通过步行优先、增加公共绿地、优化绿地空间系统、落实“小街区、密路网”以及“海绵城市建设”等技术规定与要求，为居民提供宜居、韧性的生活家园。

经济效益方面，通过推动统一规划、紧凑集约发展、综合利用等技术规定，引导居住区规划建设科学、合理、有效地使用土地和空间，起到保基本促提升、宜居适度健康发展的积极作用，通过科学合理的规划控制可为后续的建设行为及运维管理节省大量资金。

（3）《住宅设计规范》

1）简介

住宅设计直接影响基本住房条件和住宅功能质量，是满足居住性能的重要保障。1987 年实施的《住宅建筑设计规范》GBJ 96−86 是我国首部专门针对住宅设计的国家标准，1999 年更名为《住宅设计规范》GB 50096−1999，2003 年进行局部修订，形成《住宅设计规范》GB 50096−1999（2003 年版），2011 年结合住宅建设、使用和管理的实际，修订形成了《住宅设计规范》GB 50096−2011（本节简称《设计规范》）。

《设计规范》遵循适用、安全、经济的原则，考虑全国各类地区的适用性，关注居住条件改善、建造技术进步、人居环境健康、生活方式智能等时代需求，引导住宅设计向“适老化”“精细化”“智能化”“绿色健康”等方向发展。几十年来在我国住房发展过程中起到了落实国家战略决策、满足人民居住需求、规范住房市场秩序等重要作用。

2）主要亮点

强调“以人为核心”。适应市场经济需要，根据商品住宅的特点，提出了住宅设计技术要求，并根据适用、安全、经济的原则，以及节能、环保等方面的要求，增加了大量相关专业的新内容，强调了住宅设计中多专业综合协调，形成了一项比较完整、系统的住宅设计技术规范文件，适度规范了住宅设计工作。

坚持“按套设计”的原则。从中华人民共和国成立初期到20世纪80年代初，我国住宅标准中没有“套型”的概念。主要以平方米为单位安排住宅建设计划和设计，往往只能反映出人均面积指标和平均的户室比，难以灵活地适应不同家庭人口构成和要求的变化。《住宅设计规范》GB 50096-1999明确要求“住宅应按套型设计，每套住宅应设卧室、起居室（厅）、厨房和卫生间等基本空间。”此后，住宅按套设计有了全国统一标准。

强化安全防护要求。提出了各种窗户的窗台防护高度要求，特别对凸窗提出防护措施，同时对窗台的可踏面宽度进行了严格规定。安全还反映在燃气设施设置的严格控制、电气插座的安全高度以及一旦发生火警时门禁应能集中解锁或能从内部手动解锁等要求。

设计必须满足建筑节能。除合理利用能源外，还要结合各地能源条件，采用常规能源与可再生能源结合的供能方式。要求住宅应设置分户水表、分户热计量装置、分户燃气表和分户电能表，要求卫生器具和配件采用节水型产品，套内供暖设施应配置室温自动调控装置，套内空调系统应设置分室或分户温度控制设施等。

要求每户卧室、起居室、厨房应有直接天然采光和自然通风。居住空间朝西、朝东外窗采取外遮阳措施。电梯不应紧邻卧室布置，不宜与起居室紧邻布置，否则应采取有效的隔声减振措施。不仅地下室、半地下室采取防水防潮措施，对屋面、地面、外墙、外窗也应采取防止雨水、冰雪融化水侵入室内的措施。屋面与外墙的内表面不应出现结露现象，底层、靠外墙、靠卫生间的壁柜内部应采取防潮措施。

3）社会、环境、经济效益

社会效益方面，《设计规范》规范住宅设计活动，保证建设质量，满足人民居住生活要求；在多次修订的过程中不断地促进住宅技术含量和功能质量的提高，为新的住宅产品和新技术应用创造条件；技术规定全面细致，为提升我国住宅建设水平发挥重要的作用，具备广泛的社会效益。

环境效益方面，《设计规范》落实了国家建设资源节约型、环境友好型社会的战略部署，以及落实节能减排等重大战略决策，引导住宅设计向控制套型规模，采用节能省地、高技术集成等方向发展。及时修改了套型面积计算方法、面积指标以及室内环境量化指标，增加了大量节能设计内容，产生很大的环境效益。

经济效益方面，我国每年的住宅建设量巨大，住宅与人民生活息息相关。根据《中国统计年鉴2022》，2021年全国房地产开发企业房屋新开工面积约19.9亿平方米，其中住宅面积约14.6亿平方米，占总量约73.36%；全国房地产开发企业成套住宅竣工套数合计约646.8万套，住宅销售套数合计约1369.1万套。《设计规范》的不断完善可以促进消费者更放心地选择住宅，避免其利益受到损害。

（4）《住宅性能评定标准》

1）简介

住宅性能关系居住品质和住宅产业高质量发展，国家高度关注。1999年4月，建设部办公厅印发了《关于印发〈商品住宅性能认定管理办法〉（试行）的通知》（建住房〔1999〕114号），根据适用性能、安全性能、耐久性能、环境性能和经济性能将住宅由低到高依次划分为1A、2A、3A三个级别，并对认定的条件、住宅管理、认定主要内容和程序等作了明确规定。1999年8月，国务院办公厅印发了《转发建设部等部门关于推进住宅产业现代化提高住宅质量若干意见的通知》（国办发〔1999〕72号），明确指出“要重视住宅性能评定工作，通过定性和定量相结合的方法，制定住宅性能评定标准和认定办法，逐步建立科学、公正、公平的住宅性能评价体系”。根据《商品住宅性能认定管理办法（试行）》在全国试行的情况，结合试评工作的推进及修改意见的征集，在对其指标体系及评价方法进行修改完善的基础上形成了《住宅性能评定技术标准》GB/T 50362-2005，于2006年3月1日正式实施。2014年开始进行修订，并于2022年更名为《住宅性能评定标准》GB/T 50362-2022（本节简称《评定标准》），于2023年2月1日起正式实施。

《评定标准》依托科学合理的评价体系，采用定性定量相结合的评价方法，通过对住宅综合性能和品质评分的方式，确定住宅性能等级，对引导房地产开发、设计、施工等企业提高产品和服务质量，推动住宅品质提升，引导住房合理消费，促进行业发展发挥了积极作用。

2）主要亮点

内容全面，科学评价。《评定标准》评定的对象为单栋住宅或住区，从规划、设计、施工、使用等方面将住宅的综合性能要求划分为适用性能、环境性能、经济性能、安全性能和耐久性能五个方面，共计 31 个大项、103 个分项对各项指标进行评分和综合评价。通过评分将住宅性能由低到高分为 1A、2A、3A 三个等级，体现了住宅不同的性能水平，引导住宅产业的发展和居住水平的提升。

适用多元，引导性强。《评定标准》将住宅开发者、设计者、使用者统一到一个平台。对于开发者，明确不同等级住宅应该按照什么样的标准去打造；对于设计者，明确了具体的空间尺寸等要求，便于设计的产品达到理想的性能等级；对于消费者，通过等级和分数对住宅性能有直观的了解，实现了三者信息对称和地位对等，对于合理引导住宅设计、开发建设和消费发挥了积极作用。

合理超前，科学指引。《评定标准》指标的设置基于对住宅全寿命周期内消费者使用全过程的考虑，有些指标，例如关于可容纳担架的电梯的设置、住宅隔声性能的规定、绿地配置指标的具体细化等，早于或高于当时的国家标准。尤其是《评定标准》一直明确提倡住宅应全装修，对于最高级别（3A 级）的住宅性能认定，是否做到全装修采用一票否决的评定方法。部分指标的适度超前对于促进住宅产业高质量发展起到科学指引的作用。

顺应发展，聚焦需求。《评定标准》的编修与时俱进，顺应经济社会发展趋势，适应住宅产业技术发展和房地产市场发展的要求，聚焦人民居住需求，在修订中新增了适老化、建筑新技术、新产品等有关内容，取消了 B 级评定等级，修改部分条文以与现行国家、行业标准相适应，优化了评价方法，丰富了评价范围，并对一些具体评定项目和评价分数进行了调整。

应用充分，指导实践。《评定标准》随着住宅性能认定制度的发展而诞生，通过住宅性能评定工作得到广泛的使用。截至目前，住宅性能评定项目已达 2000 多个，项目覆盖全国大陆地区除西藏自治区外的 30 个省、自治区和直辖市。《评定标准》的推广应用有效地促进了住宅品质的提升，带动住宅产业的高质量发展，生动示范了好房子从规划设计到施工运维的可操作、可量化、可评价的标准实施应用场景。

3）社会、环境、经济效益

社会效益方面，《评定标准》以目标导向、控制要求以及指标规定等技术手段，引导和规范住宅设计、开发建设工作，提高住宅的综合品质，满足消费者对高品质住宅的需求，促进住宅开发和消费的健康发展，充分体现“以人民为中心”的社会效益。

环境效益方面，《评定标准》通过体现节能、节地、节水、节材等产业技术政策，倡导土建装修一体化，引导可再生能源利用等新型技术应用，对居住区的自然环境、空间环境等提出了规划设计与建设控制原则，为居民提供绿色、健康、舒适的生活家园。

经济效益方面，《评定标准》通过推动统一规划、紧凑集约发展、综合利用等技术规定，引导住宅规划建设的科学性与合理性，通过科学合理的规划控制为后续的建设行为以及运维管理节省大量资金。

2. 地方标准

我国地域广阔，各地风土文化、地理气候不尽相同，住宅建设地域特点明显。各地发布住宅建设地方标准，在国家标准和行业标准的基础上，为本地区住宅建设提供更加符合地方特色的技术路径。

（1）北京市地方标准《住宅设计规范》DB11/1740−2020

北京市地方标准《住宅设计规范》DB11/1740−2020 广泛深入到住宅设计的各个领域，以提高居住质量和改善居住环境、提高居住安全性为基本要求，适应当前北京市住宅发展趋势，体现首都风貌和北京地域特色；技术上综合应用国内外先进的新技术、新工艺、新材料、新产品，促进住宅标准化的进程，体现住宅设计发展的新趋势。

1）提升居住空间舒适度。在套型最小面积、卧室及起居室短边净宽尺寸、室内净高要求、采光隔声降噪要求等方面提出更高的要求，响应高质量发展趋势，为在住宅中应用更多新产品、新技术提供可能。

2）注重住宅精细化设计。结合多年住区及住宅设计经验，针对当前工程中常出现或生活中的问题进行梳理，研究提出相应的解决方式并落实在条文中，如提出布置智能快件箱、采用同层排水方式等。

3）强化住宅无障碍及适老化设计。通过对未来老龄化社会的思考，提出前瞻性的设计要求。结合北京地方要求，提出四层及四层以上的住宅应设置电梯并提高了走道及门洞的宽度要求，保障无障碍通行。

4）注重住宅安全性。在标准中增加结构章节，为住宅设计提供基本的结构安全数据保障。消防方面融入《建筑设计防火规范》GB 50016-2014（2018年版）的部分规定，并提出适用于北京的消防要求。提出住宅安全系统的概念，保障消防安全及安全防范。

5）引入住宅智能化及科技化。首次提出居家生活物联网化管理模式，提供更好服务的同时，实现科学调度、集约管理，有效节约能源。倡导绿色出行，为家庭安装电动汽车充电基础设施预留条件。

（2）上海市地方标准《住宅设计标准》DGJ 08-20-2019

上海市地方标准《住宅设计标准》DGJ 08-20-2019以“对标国际最高标准、最高水平”为根本遵循，围绕“引领上海成为卓越的全球城市”的目标，全面贯彻落实上海市住宅产业化、全装修住宅、海绵城市建设等相关发展要求，结合与国内外相关标准在设计理念、性能指标、安全质量等方面的深入比对研究，进一步突出强调以人为本、可持续发展以及安全、绿色、宜居的设计理念，不断提升人民群众的居住和生活水平，让人民群众有更多的获得感、幸福感、安全感。

1）提高住宅安全性能。细化了对凸窗防护设置、空调机板、设备平台等设计要求，明确空调机室外机座板的安全性规定，包括座板结构安全、安装和维修安全，提倡凸窗防护设施宜与窗一体化设计，并对室外水管防冻作出严格规定。

2）全面提升住宅品质。明确提出住宅设计宜采用“套型可变”的设计理念；明确规定多层及以上住宅应设置电梯，且每单元至少一部电梯应可容纳担架；分户楼板隔声指标提高至“应小于 65dB”；明确规定厨房和卫生间的排水横管应设在本套内，不得穿越楼板进入下层住户。排水管道应选用降噪、静音管材，实现从源头上降噪。在智能化设计方面，充分体现智能快件箱、智能家居系统等智能技术发展对住宅设计的影响。

3）体现建筑设计的精细化。在各功能空间、用电负荷、室内电源插座、远程抄表等方面细化了相关设计要求。具体包括住宅的荷载取值细化；明确每套住宅的最小用电负荷计算功率；住宅户内电源插座设置数量；应预留水、燃气和电力远程抄表系统的供电及通信网络管线等相关规定。

4）保证室内外环境舒适度。明确规定居住区域内应科学合理设置生活垃圾分类收集容器；每个阳台均应设排水立管，并与雨水管分开；明确户式集中新风系统的进风口与排风口的水平距离要求。

（3）江苏省地方标准《住宅设计标准》DB32/3920−2020

江苏省地方标准《住宅设计标准》DB32/3920−2020 以“技术＋管理”的新标准观为指导，针对新时期老百姓对住宅品质、配套设施和性能更高的需求，通过对住宅的全寿命、全过程、全员、全流线进行分析和研究，设置维护与管理章节，对智慧住区、共享自治、运维管理等方面提出要求。同时，从住宅单体扩展到住区，增加配套设施和场地环境设计，覆盖住宅设计、建设和管理的全专业、全过程，形成了具有鲜明特色的综合性、系统性工程建设地方标准。

1）聚焦防火防灾，完善和细化消防设计标准，形成完善的住宅消防技术体系，全面保障居民安全。标准提炼和总结近年来住宅消防设计的难点和问题，强化住宅消防设计各方面内容，是唯一一个系统性编制消防技术章节的地方标准，形成了系统性的消防技术标准体系，解决了国家防火规范中不够明确的内容。

2）聚焦适老适幼，为居家养老提供基础条件。标准从居家养老需求出发，要求住宅进行适老化设计和无障碍设计。提高电梯和担架电梯设置标准，提高厨房、卫生间使用面积，要求设置或预留扶手等适老化设施。要求住区设置兼顾不同年龄段人群的活动场地，打造全龄友好住区，明确社区居家养老服务用房面积指标，为居家养老提供基础条件。

3）关注住宅品质和性能，在全国地方标准中首次要求设置新风系统或新风装置。基于深入调研和专题研究，在全国地方标准中首次要求住宅应设置新风系统或新风装置，提升室内空气品质。提倡采用后排式同层排水，要求生活饮用水水池（箱）设置消毒装置，要求设置水质在线监测装置，增加排水管材降噪要求，细化毛细管辐射空调系统防结露措施等，促进住宅品质提升。

4）关注住区的智能智慧，全面提升住区数字化、信息化水平。标准针对行业智能化、数字化发展趋势，要求在住区出入口或结合景观广场配备智能信报箱（群）。住区设计应预留移动通信基础设施，并要求移动通信基础设施应与建筑一体化设计。标准新增小区智能化标准和智慧家居标准、提高插座设置标准，全面提升住区数字化、信息化应用水平，为今后住区与各种智能智慧新技术留下融合的接口。

（4）海南省地方标准《海南省安居房建设技术标准》DBJ 46-062-2022

安居房是海南省住房保障体系的重要组成部分，是社会基础行业、新市民、引进人才安居乐业的重要依托。《海南省安居房建设技术标准》DBJ 46-062-2022 有效规范海南省安居房的建设，保障建设质量，提升建设品质，解决痛点难点问题，满足居民对居住安全、居住功能、居住环境、居住品质等方面的要求，改善住房条件，进一步促进海南自由贸易港住房保障体系的搭建，为海南省的“民心工程”“民生工程”“发展工程”保驾护航。

1）打造百姓可感知的高品质安居房。标准以百姓的获得感、幸福感、安全感为出发点，以建设百姓“看得见”“摸得着”“省心”“安心”“舒心”的好房子、好社区为目标，强调功能适用、户型布局合理、环境宜居、配套设施齐全，提出措施保障装修品质、厨卫品质、材料安全耐久。

2）以人为本为百姓建设健康宜居、全龄友好的安居房。标准以人为本关注健康，保障安居房的空气质量、室内环境舒适度，设置健身场地及设施。

从建筑空间可变、结构设计适变、厨卫易改造、适老等方面体现安居房的全龄友好。标准倡导共享理念，鼓励设置公共食堂、公共客厅、共享植物园等，营造良好新邻里关系。

3）强调节能低碳，建设绿色可持续发展安居房。标准强调建筑节能、高效用水，单独设置“可再生能源”章节，有针对性地给出适宜不同区域、不同情况的相关措施。鼓励实施装配式装修，使用绿色建材、高强材料，采用一体化设计、管线分离、集成饰面层墙面、集成厨卫等。

4）结合海南省经济发展水平，兼顾经济与品质。标准坚持保障房建设初衷，控制建设成本但不降低品质，在设计方面力求简约而不简单，如要求外饰面无纯装饰性构件但鼓励采用耐久性好的材料。通过标准化设计形成规模效益实现经济节约，通过精细化设计平衡节约材料用量与安全舒适间的关系。将公共部分装修、套内空间装修、智能化系统配置这三类要求分为基础档和提高档，适应不同地区经济条件，满足不同目标人群需求。

5）以问题为导向解决百姓关注的痛点问题。针对百姓关注的二次拆改、装修污染、管道串味、渗漏裂等安居房痛点问题，编制组专题分析逐一破解。标准单独设置装饰装修章节，从装修设计、材料部品选用、室内空气质量控制到装配式装修对装修中各方面问题进行了详尽规定。针对管道串味问题，要求马桶地漏均设置水封，卫生间可自然通风。通过控制验收环节以及对施工质量提出质量管控要求，采用高寿命部品部件等措施，解决安居房容易出现的渗、漏、裂问题。

6）聚焦海南省地域特点问题，选择适宜技术体现地方特色。标准聚焦海南省高温、高湿、多发台风，金属构件易腐蚀生锈，多虫蚁危害的特点问题，提出需加强地下室、套内及厨卫自然通风，设置遮阳措施，利用建筑构件进行自遮阳，提高外围护和附属设施牢固程度，首层及地库增加防水反坡高度，选择不锈钢及聚丙烯无规共聚物（PPR）等耐腐蚀材料，设置地漏水封阻断传播通道，定期消毒减少虫蚁繁殖等具体措施。

3. 团体标准

2015 年，住房和城乡建设部印发《关于培育和发展工程建设团体标准的意见》（建办标〔2016〕57号），鼓励社会团体根据市场需求，将具有应用前景和成熟先进的新技术、新材料、新设备、新工艺等制定为团体标准。近年来，中国工程建设标准化协会等相关社会团体发布了一批高水平、高质量的团体标准，满足住房建设发展和创新需求，对政府供给标准起到有力补充，形成良性互动。

（1）《百年住宅建筑设计与评价标准》T/CECS-CREA 513-2018

《百年住宅建筑设计与评价标准》T/CECS-CREA 513-2018由中国工程建设标准化协会与中国房地产业协会共同发布，该标准基于国际视角的开放建筑和SI（Skeleton-Infill）住宅绿色可持续建设理念与方法，聚焦结合我国建设发展现状和住宅建设供给方式，探索提出的一种面向未来的新型住宅建设模式与产品供给。以可持续居住环境建设理念为基础，通过建设产业化，实现建筑的长寿化、品质优良化、绿色低碳化，建设更具长久价值的人居环境。

1）转型升级绿色可持续住宅建设模式。以国际先进的开放建筑和SI住宅理论，探索了住宅建设的绿色可持续发展模式，实现了提高建筑全生命周期的长久性能与价值的居住产品，引领了我国住宅可持续建设的新方向。以新理念、新模式、新标准、新体系及集成技术创新建设了绿色可持续发展建设模式下的住宅建设。

2）助力构建新型工业化建筑体系。结合我国住宅的特点，首次构建了中国百年住宅新型建筑体系，将建筑的策划、设计、施工、维护、更新等内容归纳为一个系统，将实现设计标准化、部品及构配件生产工厂化、现场施工装配化和土建装修一体化。

3）带动内装部品集成技术体系研发。内装部品集成装配化技术包括集成化部品关键技术、模块化部品关键技术等。与主体结构使用寿命相比，百年住宅的部品更换周期更短，因此其检修更换不能影响建筑结构的安全性。系统性内装部品集成装配化技术可实现对部品的快速、便捷更换，可针对设计、施工和使用上的特点，制定日常检查维护维修计划和长期维护维修计划。

（2）《既有居住建筑低能耗改造技术规程》T/CECS 803-2021

《既有居住建筑低能耗改造技术规程》T/CECS 803-2021由中国工程建

设标准化协会发布。该标准统筹考虑既有居住建筑低能耗改造技术的先进性和适用性，选择适用于不同气候区、不同类型既有居住建筑的改造技术，引导既有居住建筑低能耗改造有序、健康发展。在考虑地方差异的同时注重特色，并充分吸收新理念、新技术、新方法、新工艺，在适用、环境、经济等方面做到部分指标适度超前，旨在促进既有居住建筑低能耗改造水平全面提升。

1）提供关键技术措施。综合考虑气候特点、经济条件、技术水平、建筑年代等多因素，提供针对性的低能耗改造关键技术措施，如采用适配的高性能保温隔热、防水、门窗、新风换气机等技术与产品，控制围护结构热桥、保障气密性，同时鼓励可再生能源系统的应用。提出系列绿色低碳、高效适用的节能降耗关键技术，支撑既有居住建筑品质升级。

2）构建改造指标体系。定量表征了既有居住建筑改造后能耗水平，构建差异化的既有居住建筑低能耗改造指标体系。涉及建筑、暖通空调、给水排水、电气等各专业，规范了诊断评估、改造设计、施工验收和运行维护等全过程，构建气候适应、地区适用的既有居住建筑低能耗改造技术体系，推进既有居住建筑向“好房子”转型。

3）响应当前建筑科技新发展。贯彻落实国家民生领域发展战略要求，坚持以保障人民群众的安全与利益为出发点，切实把握人民群众对美好生活的向往，将实现好、维护好、发展好最广大人民根本利益作为工作的出发点和落脚点，助力实现人民美好生活总目标。

（3）《既有城市住区环境更新技术标准》T/CECS 871-2021

《既有城市住区环境更新技术标准》T/CECS 871-2021由中国工程建设标准化协会发布。该标准提出了既有城市住区环境更新评估与策划要求，明确了详细的评估内容与策划方案及环境更新内容，为既有城市住区生态与景观、场地与建筑、室外物理环境、室外道路系统、配套服务设施等提出了环境更新标准要求。完善了既有城市住区改造标准体系，有助于更好地指导既有城市住区环境更新和推广相关改造技术。

1）构建住区环境更新评估策划方法及内容。提出既有城市住区环境更新评估的要求和内容，明确既有城市住区环境更新应出具评估报告，报告应包括评估依据、内容和过程及评估结论；在策划阶段宜出具策划方案，策划方案应符合实际情况，技术合理、经济实用，对居民生活干扰小，并明确了住区环境更新具体内容。

2）提高住区生态与景观品质。从绿地植被、雨水控制利用、景观三方面对既有城市住区生态与景观进行了具体规定。重点对公共活动空间、道路停车场绿化、植物种类、透水铺装、景观水体、围墙及景观小品等进行了具体规定，以优化既有城市住区的绿地布局与环境，增强居民的领域感、归属感及认同感。

3）优化住区室外物理环境性能。从声环境、光环境、热环境三方面提出改造要求。声环境方面，重点对控制交通噪声污染、工业噪声污染、社会噪声污染提出了措施建议，并对公共活动空间昼间及夜间环境噪声值提出了量化要求；光环境方面，提出室外公共活动空间、人行及非机动车道的照明标准值、眩光限值量化要求；热环境方面，提出了对热岛强度、围墙可通风面积率、人行道的遮阳覆盖率等的量化要求与改善住区热环境的措施建议。

4）提出住区道路系统及配套服务设施更新要求。对慢行系统的设置及保障进行了规定，提出慢行系统应连续、安全，明确慢行系统与住区人行出入口、地铁站、公交站点的距离要求；对住区内部车行系统的安全、便捷、高效、有序提出了要求，如车行道路的宽度、路面及标识点的设置要求等；提出公共服务设施、环卫设施及停车设施更新及配置要求。

（4）《健康住宅评价标准》T/CECS 462-2017

《健康住宅评价标准》T/CECS 462-2017 由中国工程建设标准化协会发布。该标准是我国首部系统评价住宅与居住环境健康性能的标准，引入居住健康维度理念，重视住区生理环境与心理环境评价，确保居住生活环境宜居适度，引导居住区科学规划、合理开发、健康发展，实现居住生活的“更健康、更安全、更宜居”。该标准 2023 年版已完成修订。

1）突出居住体验痛点。系统协调影响居住健康性能的环境因素和行为因素，保障居住者的健康权益，是建立该标准的目的。该标准根据居住者健康体验或健康痛点，从健康需求层次理论的角度，将住宅健康性能的一级指标确定为空间舒适、空气清新、用水卫生、环境安静、光照良好和健康促进，清晰表达了居住健康的体验与目标，同样的原则也适用于二级指标，以便于居住者理解并转化为健康行动，包括健康的居住环境和健康的生活方式。

2）实践验证易于实施。该标准共包含 22 个评价分项，115 个评价点，涉及医学、心理学、营养学、人文与社会科学、体育学、建筑学等多种学科，指标的选择和量化指标还与最新研究成果、技术发展水平和居民可担负能力相关，具有良好的实施性。自实施以来，在全国共有六十余个居住小区项目完成了该标准的评价工作，检验了实施效果。

3）健康引领项目提升。该标准总结了多年来全国各地健康住宅工程实践经验，参考借鉴了国内外先进标准，吸纳了国内外居住健康领域最新的科技成果，开展了大量的健康住宅实态调查研究，融合多学科成果，引领了我国住宅及居住环境的开发建设理念，由安全、适用、舒适向绿色、健康升级，引导住宅项目健康性能提升。

四、科技赋能

以努力让人民群众住上更好的房子为目标，努力满足人民日益增长美好生活居住需求，注重住宅和住区规划设计建造运维全生命周期的新理念和新方法，以科技赋能和创新驱动全面提升人民居住满意度、住宅设计水平与居住品质，营造高品质生活环境。

（一）协调美观

1. 组织和谐整体的社区布局

社区布局应尊重气候及地形地貌等自然条件，进而塑造舒适宜人的居住环境。由于自然条件和历史文化背景的不同，我国各地的居住形式各具特色，应体现对民俗的尊重和当地自然环境的适应。对于社区规划建设来说，日照、气温、风等气候条件，地形、地貌、地物等自然条件，用地周边的交通、设施等外部条件，以及地方习俗等文化条件，都将影响着社区的建筑布局和环境塑造，设计时需要对其进行考虑。

社区应结合地域、气候、文化和时代等特点，与城市整体风貌和环境相协调。应通过不同的规划手法和处理方式，将社区内的住宅建筑、配套设施、道路、绿地景观等规划内容进行全面、系统的组织、安排，合理组织建筑、道路、绿地等要素，统筹庭院、街道、公园及小广场等公共空间，成为有机整体，控制和协调住区整体空间肌理、建筑高度和密度，为居民创造舒适宜居的居住环境。

2. 塑造协调美观的建筑风貌

社区内的建筑设计应形式多样，建筑布局应层次丰富，并与城市整体风貌相协调，强调与相邻社区和周边建筑空间形态的协调与融合。

应在社区的设计建设中运用城市设计的方法进行指引，社区建筑的肌理、界面、高度、体量、风格、材质、色彩应与城市整体风貌、社区周边环境及住宅建筑的使用功能相协调，避免住宅建筑“公建化”倾向，并应体现地域特征、民族特色和时代风貌。

对于建筑设计，应以地区及城市的全局视角来审视建筑设计的相关要素，有效控制高度、体量、材质、色彩的使用，并与其所在区域环境相协调；对于建筑布局，应结合用地特点，加强群体空间设计，延续城市肌理，呼应城市界面，形成整体有序、局部错落、层次丰富的空间形态，进而形成符合当地地域特征、文化特色和时代风貌的空间和景观环境。

（二）生活便利

1. 开放街区布局

社区与住区布局与城市紧密相关。中央城市工作会议提出建设开放街区，可增加社区街道公共活动区域，有利于提高土地利用效率和效益，繁荣城市商业和服务；有利于构建更多尺度宜人、开放包容、邻里和谐的生活街区，提高城市活力、品质；有利于交通流均衡分布，提升慢行交通的可达性，形成连续舒适的慢行系统。

开放街区宜采用“小街区、密路网”规划模式，路网与地形结合，呈现棋盘或类方格网形式，路网密度较大，道路宽度较窄，社区道路间距一般不超过 300 米。尺度适宜的街区有利于建设便利的生活圈，如完整社区与五分钟生活圈相对应，配有完善的基本公共服务设施、健全的便民商业服务设施、完备的市政配套基础设施和充足的公共活动场地，为群众日常生活提供基本服务。若干个完整社区构成街区，与十五分钟生活圈相衔接，统筹配建中小学、养老院、社区医院、运动场馆、公园等配套设施，为居民提供更加完善的公共服务。结合街区分级，设置配套设施有助于提升各类设施和公共空间的服务便利性，满足群众日常生活需求。

2. 设施复合利用

设施复合利用是实现紧凑用地、提供高效服务的重要方式。一方面已建社区内用地紧张，可建设公共服务用地的空间不足，另一方面新建社区应做到服务集中，就近解决居民的多样需求。复合利用设施，主要有建设复合功能的社区服务中心和建筑屋顶上盖公共活动空间两个举措。

复合功能的社区服务中心。挖掘社区用地资源，有条件的集中解决党建、生活、文化、就餐、养老、健康和就医等功能，为居民提供全方位、多元化、高品质的生活服务。可采用公共服务与商业服务结合的方式，低层以商业、党建、活动室、食堂、图书馆为主，功能相对开放，服务全龄；高层设置养老、托幼等专类设施，具有较强的私密性和安全保障。

建筑屋顶上盖公共活动空间。采用建筑屋顶上盖活动空间的手法，可以提升用地使用效率，集中便利提供服务。如社区公共建筑及社区大型停车楼上盖共享运动场地，满足篮球、羽毛球、滑板、儿童游乐、老人锻炼等多元需求，提升场地黏性互动，强化场景氛围的营造，服务多代人在不同时段的户外活动需求。

3. 停车空间优化

立体停车技术可以实现最大效率使用有限停车场地，解决社区停车位不足的难题。强调对停车空间功能的需求，设置多个安全出入口，保证立体停车路线流畅快捷。每个立体停车楼内设置一定比例的电动汽车充电桩，可发展全自动停车塔库技术，通过机械臂取放车辆。

充电桩设施。通过增设或改造机动车和非机动车充电设施，提升社区居民停车充电的安全性、便利性，消除充电安全隐患，同时规范社区内机动车和非机动车的停放管理，设置集中充电区域、进行充电桩智能化改造等，注重充电区域防雨防雷电设施、设置自动断电安全接口等。

智慧停车技术。社区停车场在日间车位空闲，可以通过手机 APP 设置共享停车位，方便周边日间工作及活动的车辆停放。利用 APP 导航可精准定位车位，并提供自动控制降锁和自动结算。共享停车位可以增加车位利用效率，创造额外收入，并解决日间城市停车难题。

（三）环境宜居

1. 交通环境优化

路网密度是评价城市道路网是否合理的基本指标之一，也是居民出行的基础保障。住宅周边道路规划时，需要遵守“小街区、密路网”原则，道路不宜过宽；同时，住宅周边道路空间资源配置优先以公共交通、自行车、步行等绿色交通方式为主体，且保障步行、非机动车通行空间安全和连续，并实现机非分离、人非分离。公共交通的便利是好房子的重要特征，住宅小区人行出入口到达公共交通站点（含轨道交通站点）的步行时间不超过 10 分钟或 500 米范围内应设置公共交通站点。如果不具备上述条件，可在住宅小区出入口配备专用接驳车联系公共交通站点或长途汽车站、城市（或城际）轨道交通站，以保障出行的便捷性。此外，社区应进行慢行系统规划，提升慢行交通的可达性，构建慢行生活圈。

2. 生态环境优化

植物是住宅小区生态环境的重要构成要素，其选择和配置应考虑经济性、地域性和安全性原则，应种植养护成本低、适宜当地气候和土壤条件、无毒无害、不容易生虫的植物，少施或者不施农药。住宅小区采用乔、灌、草复层绿化方式，绿化覆盖面积中乔灌木比例最好不低于 75%。结合气候条件采用垂直绿化、退台绿化、底层架空绿化等多种立体绿化形式，应加强地面绿化与立体绿化的有机结合，鼓励发展立体园林住宅建筑。此外，住宅小区室外绿化、排水管网应采取防虫、防鼠措施，减少虫害对居民的影响。

室外景观宜结合当地气候环境采用海绵设施与景观系统有机融合技术，将海绵设施与建筑、绿地、道路广场、景观水系、景观小品、通用设施等进行有机融合。例如，北方寒冷气候区，可以采用以废弃树皮、碎石等为原料的裸土覆盖物、生态树穴等，起到冬季景观提升和减少维护管理频率的作用。结合边角地、零碎地、闲置地等设置口袋公园。对于地形，应利用自然地势，按照大格局顺应地势、小场地轻微调整的原则，形成各种生动的山地、坡地、台地和洼地等地形。对于水体，应结合现状，进行景观设计，增加景观空间的丰富。

3. 室外物理环境优化

住区室外噪声、风环境、热环境、光环境与人们居住品质息息相关，需要采取措施加以控制，为居住者营造高品质室外空间环境。

对于室外噪声，可利用噪声分析模拟计算技术进行场地声环境专项分析和设计。靠近居住区的公园、广场、主要道路等高噪声公共区域设置绿化隔声墙等降噪措施；将噪声敏感建筑物或房间布置在远离噪声源的位置；场地内部道路宜采取人车分流措施，并设置低噪声柔性减速带或视觉虚拟减速带等降噪措施；运用声源要素进行声景设计。

对于场地风环境，可进行计算机模拟优化，合理设置微风通道、优化场地布局等改善场地风环境技术措施，以保证有利于人员室外行走、活动和建筑自然通风。在冬季典型风速和风向条件下，建筑物周围人行区距地高 1.5 米处风速宜小于 5 米 / 秒，户外休息区、儿童娱乐区风速宜小于 2 米 / 秒，且室外风速放大系数宜小于 2；除迎风第一排建筑外，建筑迎风面与背风面表面风压差不宜超过 5 帕斯卡。

对于场地热环境，主要是对城市热岛效应进行控制。城市热岛不仅由于其带来的温度升高影响居民热舒适性，也在能源需求和空气污染等方面产生负面影响，因此需要在社区改造中采取措施削弱热岛强度。削弱热岛强度常用技术措施包括：场地下垫面采用高反射率材料或透水铺装、立体绿化技术、建筑屋顶冷辐射技术、热环境监测与发布等。

对于场地光环境，主要是对建筑玻璃幕墙、室外照明设施等进行优化设计，避免产生光污染。合理采用室外照明光源，并控制照度值；建筑玻璃幕墙避免对区域内建筑、道路及公共活动区域产生干扰光；不使用动态闪烁模式的广告和标识牌，夜间亮度限值符合有关国家标准的规定；采用智能照明系统，通过感应控制或时钟控制，根据天然光的变化调节人工照明光输出。

（四）全龄友好

1. 无障碍环境设计

无障碍环境设计在住区室外环境方面主要包括出行环境、公共空间、公服设施、楼栋空间的无障碍。

无障碍出行环境。通过缘石坡道串联社区人行道和城市步行系统，过街路口、公交场站配置无障碍设施；人行道侧配置充足扶手和休息座椅，避免尖锐设计；道路标识系统确保醒目、清晰、简单、易懂，道路照明设施充足且不产生眩光，保障夜间出行安全；建设无障碍停车位，尽可能靠近电梯或社区公共空间。

无障碍公共空间。打造系统的无障碍慢行路线，注重户外活动场地、社区公园接入步行道的接口设计，加强特殊需求人群进入公共空间的便利性；公共空间内部通过高差坡地化设计保证轮椅、婴儿车顺畅通行；布局无障碍座椅，满足不同人群休息的需求。

无障碍服务设施。关注设施出入口、室内流线、无障碍卫生间建设。宜设平坡出入口，高差较大时可同时设置带扶手的台阶和轮椅坡道，出入口应做到标识醒目、紧邻无障碍落客区或无障碍停车位；设施内部保证顺畅的流线，通过连续扶手、无障碍电梯、升降平台等保证通行，设施首层至少设置1处无障碍卫生间。

2. 适老化设计

在满足无障碍环境设计的基础上，适老化设计主要聚焦在慢行友好的步行环境、多元设计的公共空间和公共服务设施的适老化服务中。

建立慢行友好的住区环境。改造路面，通过设置弧形的车道、三角形标记的车道、减速带等手段督促驾驶者减速，降低老年行人交通意外的概率。在较宽的道路设置安全岛，使行动能力较弱的老人分两次横越马路，增加途中休息、观察应对的时间。有条件的地区，可安装智慧过街斑马线和包含智能延时、语音读秒和低位按钮的信号灯。

社区公园应进行动静分区，通过植物区分、铺装区分、加防护网等方式，保证多元人群在休息、锻炼、活动的时候互不打扰；老年、儿童活动场所就近建设，展现积极活泼的社区氛围，同时满足老年人隔代养育的需要。

社区服务中心、社区卫生站等老年人常用设施应通过设置低位服务台、老年关怀阅读模式、无障碍洗手间等方式，优化老年人服务体验；在社区交通便利处设置社区食堂，就近解决老年人日常生活需求；社区服务向家庭延伸，为行动不便的老人和特殊人群提供上门送餐、助浴助洁、上门医疗、上门陪护等服务。

3. 适儿化设计

适儿化设计重点关注儿童学径、室外活动场地和室内照护、活动场所。

构建便利安全的儿童特色学径。明确道路上用于学生步行的通行空间，道路条件允许的路段采取行人与机动车完全分隔的措施；道路条件不满足人车完全分离的路段，通过施划道路标线、地面铺装、导流线、隔离柱等方式，将步行空间清楚地进行标识，保障学生与其他交通参与者充分辨识和明确各自通行的空间范围。建设平整、防滑、色彩丰富的通学路径，串联住宅、幼儿园、儿童游乐和运动场地等儿童活动场所，提供便利安全、通畅有趣的场所体验。

设计活泼有趣的儿童活动场地。建设丰富多样的儿童游乐场地。通过特色设计，如景观绿化、微地形、攀爬网兜、特色座椅兼儿童游乐设施等，保证儿童玩耍时的安全性，同时兼顾趣味性。寓教于乐，将自然和科普的主题贯穿场地，设计融合有趣和丰富多彩的象征图案，为儿童创造更多与自然接触的机会，培养儿童的感性意识和创造性，引导孩子在游戏中学习。

（五）功能适用

1. 精细化功能设计

精细化、人本化、科学化逐渐成为住宅设计的发展趋势，如合理的起居、家务、访客流线设计与功能组织，动静分区、洁污分离以及符合人体工学的收纳空间设计等。以阳台、厨房与玄关空间为例，阳台区域功能可根据实际生活方式选择相应的洗衣晾衣、家政收纳、健身运动、园艺种植等设施或产品，根据气候条件设置可开闭的围护装置；厨房区域宜高效集约，可基于操作流线研究，合理统筹食材储藏、洗切烧配、低柜吊柜、电气设备、垃圾储存和管线布置；玄关区域要有科学的储藏空间，统筹放钥匙、外套、包类、鞋类、雨具等收纳功能需求，采用抽拉式或挂壁式换鞋凳、集成收纳柜等产品协调入户常规行为模式且与室内清洁环境分开。

2. 适用性通用设计

通用设计是为了让所有人，不论年龄、体形、身体状况是否良好等都能够最大限度地接受、理解以及使用的先进理念与技术手段。为满足居住者生活方式和价值观多样化要求、家庭多元化与全生命期的居住需求，住宅可采用具备适用性的通用设计技术，促进住宅可持续发展。如选择有防滑效果、视觉对比高的楼梯铺面材质，选择日晒不烫手且防雨的室外扶手材质，采用适用于轮椅、婴儿车、行李箱的无障碍斜坡入户设计，采用省力、有效、尽量减少重复操作的家政空间设计，衣柜隔板、厨房台面可随时根据使用者或家庭结构的变化调节高度等。另外，在住宅设计阶段可以通过虚拟仿真技术与足尺体验模拟装置等方式进行参与式设计，并收集使用者的主观评价反馈，优化空间设计。

3. 共享化空间组织

共享化的住区生活空间组织能够激发居民交往的活力，促进邻里和谐与社会健康，同时通过公共与私人空间的平衡提升住宅社区的适用性。如在住区入口形成与城市更为有机互动的公共空间，为人们提供较好的缓冲区；采用周边式分布停车场增加居民见面的机会，增强社区感的同时减少社区噪声和尾气排放，且对儿童来说更安全；在居民回家途中设置大量的共享公共设施，如洗衣房、花园、托儿所等，促进邻里交往；结合组团、楼栋或单元入口设置大堂，提升安全与舒适品质；在单元内户间设置共享庭院、共享阳台等，结合青年人实际需求设置共享厨房餐厅和休闲娱乐空间等，提升居住生活的人文关怀和经济适用水平。

（六）健康舒适

1. 声、光、热环境提升

健康舒适的重要主观感觉是适宜的声、光、热环境。改善住宅室内声环境可以通过高水平的机电系统进行隔声减振设计和施工，采用高品质的住宅隔声材料、隔声效果较好的外门窗以及浮筑楼板隔声构造等措施，对影响住宅声环境的环境噪声与振动、室内噪声与振动、空气声隔声、撞击声隔声等方面进行控制，保证居民宁静生活的获得感。住宅室内光环境的营造可以通过合理的建筑设计尽可能创造全明空间，或通过导光管、棱镜玻璃等合理措施充分利用天然光，并做好天然采光与人工照明的结合，实现人与自然的交互沟通，保障生理节律的同步。同时，可结合建筑立面设置移动外遮阳，在天然采光、自然通风、窗前视野、防止眩光、调节门窗透风能力、保护隐私和安全防范等健康需求上取得更好的平衡效益，有效提高居住者的舒适感和安全感。此外，可通过合理的自然通风组织等被动措施，在过渡季节维持住宅室内热舒适；采用能够维持室内适宜温度的供暖和空调设备、在卫生间设置局部热湿环境调节设施等主动措施，营造适宜的住宅室内热环境。

2. 室内空气质量提升

为了达到空气清新的居住体验，可以从源头控制、通风稀释、净化吸收与质量监测等方面实现建设全过程和运行全方位的管理。源头控制措施主要包括采用低挥发或不挥发有害物质的材料、采用气密性较高的外门窗阻隔室外空气污染物进入室内、防止结露和霉菌滋生措施等，以及采取基于厨房排水系统的厨余垃圾处理技术、与每层卫生间通气管相连的专用通气立管系统、使用构造内自带水封的卫生洁具、提升排水设施水封性能等措施解决厨卫空间异味问题。通风稀释措施主要包括合理的气流组织设计、安装新风设备、排风系统入口处设置止回阀等措施，提升室内通风效率、降低室内空气中的污染物浓度、阻止厨房油烟与厕所排风等污染物串通到室内其他空间。净化吸收与质量监测措施主要是指针对空气质量不好的地区在室内设置空气净化装置，并设置空气质量监控与显示系统监测典型空气污染物，与空调、供暖、通风净化等设备实现联动。

3. 水环境提升

目前采用的二次供水方式易造成二次污染，且住宅建筑末端供水系统通常存在供水管道内壁腐蚀及铁离子释放造成的黄水问题，可采取闭式二次供水系统、工业化预制饮用水管道，并采用水质在线监测和预警技术，定期对住区内的给水水质进行监测和有效处理，防止饮用水水质超标对人体健康造成危害。另外，也可采用直饮水系统或户式净水系统，保障居民用水安全。针对住宅建筑末端供水系统老旧管道内壁管垢堆积导致的过水能力及水质下降风险，需要应用自来水管道管垢清除与原位喷涂材料和技术，确保用水终端安全、可靠、健康的水环境。此外，现代化的建筑给水排水管线繁多，应设置清晰的标识，防止在施工或日常维护、维修时发生误接的情况，造成误饮误用，给用户带来健康隐患。套内排水方面，可对厨房、卫生间排水管道进行同层模块化设计，形成一套排水节水装置，以便于实现建筑排水系统工厂化加工、批量性生产以及快速安装，同时有效解决厨房、卫生间排水管道漏水、出现异味等问题。

4. 智能家居

随着科技的迅猛发展，数字化技术为住宅建设注入了新的活力和创新，利用物联网、云计算、大数据、移动通信、人工智能等新一代信息技术，实现系统平台、家居产品的互联互通，提升了居住环境的便利性和舒适度，构建了用户三维、动态、跨空间的生活场景。通过智能家居控制系统，居民可以在家或远程使用智能手机、平板电脑或语音助手来控制家中的照明、供暖、空调、窗帘、门窗等各种设施，调节室内通风、遮阳、供暖、采光等方面的性能，实现自动化和个性化的居住体验。应用电子可视门铃、智能门锁、无接触门禁和安全报警系统等智能技术提升住宅的安全性，居民可以对异常情况做出及时反应。此外，智能电表和能源管理系统可以实时监测和优化能源的使用，居民可以通过手机或电脑查看能源消耗情况，并根据系统的建议进行调整，以实现节能减排。

（七）安全耐久

1. 结构安全性能提升

建筑地基和结构承载力是满足建筑长期使用要求的首要条件，其安全耐久是好房子的基本保障。住宅建筑应根据层数、跨度、荷载、抗震设防类别等情况，优化结构体系、平面布置、构件类型及截面尺寸，慎重采用无梁楼盖，充分利用不同结构材料的强度、刚度及延性等特性，提升结构体系整体承载力和安全性能。在高层住宅建筑中，采用钢结构体系、钢筋混凝土混合（组合）结构体系、预应力结构体系等先进技术，可充分发挥材料的性能，同时提高住宅建筑工业化水平。设置结构安全性在线监测系统，对结构的整体变形倾斜、地基局部沉降、受力情况、振动和周边环境进行监测，实现住宅结构安全信息化监控，发现问题及时维修加固。采用隔震、消能减震或振动控制等抗震设计新技术，提高住宅建筑的抗震性能。

2. 高强材料应用

合理选用高强度钢筋、高强度混凝土、高强钢筋直螺纹连接技术等高强建筑结构材料，可减小构件的截面尺寸及材料用量，同时也可减轻结构自重，减小地震作用及地基基础的材料消耗。住宅建筑应尽可能多地使用耐候结构钢、防腐木材及提高混凝土保护层厚度等耐久性好的结构材料和措施，以提升建筑工作年限。在海洋、盐渍土等严酷环境下，应提升混凝土抗冻融、抗盐侵蚀、抗溶蚀等抗侵蚀性和耐久性，保障住宅建筑结构安全。对整体结构、局部结构或者关键结构构件及节点按更高的抗震性能目标进行设计，并结合隔震、消能减震设计等措施减少地震作用，使整体结构具有足够的牢固性及抗震冗余度。

3. 围护结构和非结构构件安全

建筑外墙、屋面、门窗、幕墙及外保温等围护结构与建筑主体结构连接可靠，且能适合主体结构在多遇地震及各种荷载作用下的变形，应安全可靠、防护得当。外遮阳、太阳能设施、空调室外机位、外墙花池等外部设施应与建筑主体结构统一设计、施工，确保连接可靠。外部设施需要定期检修和维护，在建筑设计建造时应考虑后期检修和维护条件，如设置检修通道、马道和吊篮固定端等。玻璃应安全、防爆，金属框不得有不符合规定的棱边、尖角。户门、房门等平开门宜加装闭门器，防止门意外夹手。建筑内部非结构构件、设备及附属设施等应满足建筑使用安全，与主体结构之间的连接满足承载力验算及国家相关标准规定的构造要求。例如，内填充墙高厚比应满足稳定性计算要求；楼屋面下机电设备的吊杆及连接满足吊挂设备的承载力要求；墙上固定吊柜与墙体连接可靠，连接锚栓满足吊柜预期极限承载能力的要求；电梯与主体结构连接可靠，并满足安全使用要求。

4. 防火和防水性能

加强住宅建筑防火设计和管理，是居民生命财产安全的保障。对于高品质住宅来说，除了建筑耐火等级、防火分区、平面布置、疏散、建筑构造、灭火救援设施、消防设施、暖通电气、电缆和光缆的燃烧性能等常规防火措施之外，还要考虑发展过程中出现的新的防火需求，例如太阳能光伏发电系统、蓄电设施、新能源汽车以及电动自行车等防火设计和措施。

漏水、渗水是住宅建筑工程质量的常见质量问题。为避免水蒸气透过墙体或顶棚，使隔壁房间或住户受潮气影响，导致室内墙体发霉、装修破坏（壁纸脱落、发霉，涂料层起鼓、粉化，地板变形等）等情况发生，所有卫生间、浴室墙、地面应做防水层，墙面、顶棚均应做防潮处理。此外，近年来装配式建筑、种植屋面等技术的大范围推广使用，防水性能直接影响其使用功能及耐久性、安全性。装配式建筑可采用材料防水、构造防水两种密封防水方式。种植屋面需要在普通防水层之上设置耐根穿刺防水层，目前常用的阻根功能的防水材料有：聚脲防水涂料、化学阻根改性沥青防水卷材、铜胎基－复合铜胎基改性沥青防水卷材等。

（八）灵活可变

1. 灵活的建筑体系设计

通过标准化、模数化、通用化的建筑体系设计技术，使住宅规整化、套型模块化、体系开放化、空间集约化，为家庭人口结构变化等套型空间改造需求预留条件，可以减少资源浪费。具体措施包括采用大空间、浅梁、厚楼板等构造，使室内形成无柱、无梁的规整空间；采用合适的层高，为装配式装修预留空间；合理采用墙排式同层排水形成无下沉底盘、无地漏的空间，使卫生间也可以灵活布局等。这种具备开放性、适应性和多样性的集成设计建造体系又称住宅建筑通用体系，如 SI（Skeleton-Infill）建筑体系是将住宅分成支撑体和填充体两部分，支撑体由住宅的主体结构（梁、板、柱、承重墙）、共用设备管线和公共部分（公共走廊、楼电梯等）组成，具有高耐久性，其结构形式由专业人员设计决定，公共部分的管理和维护则由开发方或后期管理方提供；填充体是除支撑体以外住宅的所有构件，包括住宅套内的内装部品、专用设备管线部分、外墙（非承重墙）和外窗等外围护构件部分，具有灵活性与适应性，可由居住者自己决定其中的设计策略，但设计前期需与相邻住户、物业方协调。

2. 装配式主体结构建造

为提升住宅全生命周期安全保障和长期品质的水平，可以采用工业化、高耐久性的装配式主体结构建造，即在工厂加工制作好建筑构配件，在施工现场通过可靠的连接方式装配安装。现阶段在我国装配式住宅中，混凝土结构是主流方式，如装配式混凝土框架结构技术、装配式混凝土剪力墙结构技术、预制混凝土外墙挂板技术、混凝土叠合楼板技术、预制预应力混凝土构件技术、钢筋套筒灌浆连接技术、螺栓连接多层全装配式混凝土墙板结构技术等，在商品住房、保障房、公租房等得到大范围推广应用。在装配式混凝土结构领域，现已研发了用于构造边缘构件现浇段与预制段连接的组合封闭箍筋等技术，可有效简化连接方式、降低施工难度。相比于混凝土结构，钢结构住宅更为环保节能，是“双碳”目标下发展的重点方向，低密度住宅宜主要采用冷弯薄壁型钢结构体系，多、高层住宅结构体系可选用钢框架、框架支撑（墙板）、筒体结构、钢框架－钢混组合等体系。

3. 装配式内装部品与管线分离

为实现高品质、可更新的长寿化住宅建筑，宜采用装配式内装部品与管线分离技术，便于设备管线与装饰层的维修和更换。装配式内装部品主要包括装配式吊顶、干式工法地面、装配式内墙、整体卫浴、整体厨房等。其中，装配式内墙指的是适合产品集成的非砌筑免抹灰墙体，主要包括轻质条板隔墙、玻璃隔断、木骨架或轻钢骨架复合墙等产品。装配式内墙、吊顶与地面是装配式内装的重要组成部分，干式工法施工技术为住宅全生命运行周期过程中快速、便捷地更换内装系统创造了条件。管线与主体结构分离的设计方法能够提高住宅可更新性，方便设备系统的运行维护、检查、维修、更换。例如，采用烟气直排集成部品、同层排水管线设备、集中管井技术、带状电线、干式地暖工法施工技术等。另外，应注重采用便于检修维护的标准化部品部件、易清洁的装饰面、可在室内更换门窗的洞口形式和干法安装。

（九）绿色低碳

1. 建材节约

建筑材料生产消耗了大量能源、资源，好住宅应应用最新科学技术和措施降低建材消耗，住宅建筑形体应规则简约，且无大量装饰性构件，不规则程度越高，对结构材料的消耗量越多，性能要求越高，不利于节材。土建工程与装修工程应一体化设计及施工，在选材和施工方面尽可能采取工业化制造。建筑材料的循环利用是建筑节材与材料资源利用的重要内容，住宅建筑应选用可再循环材料、可再利用材料及利用废弃建材，如再生骨料混凝土、标准尺寸的钢结构型材、木结构、铝及铝合金等。加大绿色建材使用比例，降低建材用量，在全寿命期内可减少对资源的消耗、减轻对生态环境的影响。施工过程中采用绿色施工新技术、精细化施工和标准化施工等措施，减少建筑垃圾排放；同时，实施建筑垃圾分类收集、分类堆放，强化建筑垃圾就近处置、回收直接利用或加工处理后再利用。

2. 智慧低碳建造

智慧建造能够在保证工程质量的前提下，降低生产投入、提高生产效率、降低生产风险，并为住宅建筑无人化、少人化的智能运维提供数字化产品和配套的解决方案。智慧低碳建造技术包括：基于 BIM 的现场施工管理信息技术、基于大数据的项目成本分析与控制信息技术、基于互联网的项目多方协同管理技术、基于移动互联网的项目动态管理信息技术、基于物联网的工程总承包项目物资全过程监管技术、基于 GIS 和物联网的建筑垃圾监管技术、基于智能化的装配式建筑产品生产与施工管理信息技术、建筑机器人技术等。加强施工记录和验收资料管理，推行工程建设数字化成果交付、审查、存档，保证工程质量的可追溯性，为后期的良好使用和运行提供保障。

3. 被动节能设计

住宅建筑被动式设计要因地制宜，内容包括结合建筑所在地域的气候条件、地理环境、地形地貌等进行场地设计与建筑布局，优化体形、空间平面布局，实现对建筑的自然通风和天然采光的优先利用，有效降低供暖空调、照明需求；优化和提升围护结构热工性能，如采用石墨聚苯乙烯板和硬泡聚氨酯板等高性能外墙保温材料、结构装饰保温一体化外墙板、装配式复合保温墙板、隔热保温全效凝胶、多功能一体化微孔混凝土复合围护体系等，并进行无热桥设计，有效降低住宅建筑供暖空调负荷；夏热冬冷和夏热冬暖地区，外墙保温宜采用内保温，建筑外表面采用反射隔热技术；基于住宅建筑气密性设计，合理选用高性能断桥铝合金保温窗、高性能塑料保温门窗和复合窗等外门窗，明确其抗风压性能、水密性能指标和等级性能参数，并将遮阳装置与建筑外窗一体化设计，满足不同气候及环境条件下住宅建筑节能水平要求。在高效用能设备方面，结合不同气候区住宅建筑的用能特点和建筑形式，可综合利用高效辅助冷热源、高效热回收新风系统、智能化控制系统等，形成住宅建筑节能减碳主动式技术解决方案，大幅节约住宅建筑供暖空调设备能耗。

4. 可再生能源利用

对于住宅建筑来说，利用可再生能源能够直接减少建筑运行过程中的化石能源需求，是建筑节能减排的重要方向。住宅建筑可根据当地太阳能资源，合理利用太阳能光伏发电、太阳能热水、热泵等可再生能源利用技术。太阳能光伏发电系统应结合建筑布局、立面要求、周围环境、使用功能和设备安装条件等因素进行一体化设计，使用具有透光、遮挡风雨和隔热功能的光伏组件；当光伏组件引起二次辐射和光污染时，应进行分析并采取相应的处理措施。住宅建筑宜利用光储直柔技术，对充放电行为以及充放电功率进行调控，协助电网削峰填谷，消纳清洁能源，实现建筑用电与电动车充放电耦合功能。居住建筑生活热水宜由太阳能、地热能等可再生能源提供，太阳能设备和管线应结合建筑布局、立面要求、周围环境、使用功能和设备安装条件等进行一体化设计。积极应用水源热泵、土壤源热泵、空气源热泵等。

（十）运维技术

1. 建筑信息模型（BIM）应用

建筑信息模型（BIM）技术支持住宅设计与施工、运维全过程、全专业信息管理和应用，能够实现一模多用，数据共享，可极大提高各阶段工作效率和质量，降低各阶段工程成本。运维阶段，可以利用BIM技术科学管理各类空间组件、资产、设备运行等，提高工程维护质量，及时分析和预测潜在问题，保证管理的科学性。同时，将BIM技术与建筑内部各类感知系统、感知技术、GPS定位等技术结合应用，实现智能停车、智能消防等各类智慧场景。支持数字化交付，明确设备管线、装修构造、材料生产企业、各部品部件规格型号及保养维修等信息。需要强调的是，住宅建筑设计、施工、运维各阶段应基于同一BIM模型，避免不同阶段出现多个BIM模型，无法有效解决数据信息资源共享问题。

2. 智慧物业

在小区物业管理中，可充分应用GIS技术与物联网、云计算、大数据、移动互联网、5G、人工智能等信息技术手段，整合小区各类服务资源，建设智慧物业管理服务平台，并与城市运行管理服务平台、智能家庭终端互联互通，打造基于信息化、智能化管理与服务的物业管理新形态，促进线上线下服务融合发展。结合人们的需求，在智慧物业管理平台上，可以嵌入智慧养老、智慧健身、智慧安防、智慧停车、智慧垃圾收集、社区服务（老人关爱、信息发布、政务服务）等模块，结合各种设备、传感器、摄像头等，实现对社区环境、安全、设施服务等方面的实时监测、分析和管理。同时，开发微信小程序或社区APP，让居民充分利用智慧物业管理平台，并与物业管理人员进行有效互动，不断优化物业服务水平。为社区居民提供一个安全、舒适、便利的生活环境，有效改善居民生活质量、提升住宅居住满意度。

3. 运维改造

在住宅建筑使用过程中，及时维护和改造是其高性能运行的必要保证。住宅建筑维护和改造一般包括室外环境和设施改造、建筑本体改造两个方面。

室外环境和设施改 造、绿地景观改造、建筑物外立面改造、室外管 公共设施改造、海绵城市改造等方面。建筑本体 型空间改造、室内环境改造、适老化改造、增设 化外，应推广数字化、智能化改造，例如针对围护 采用敲击回波探测爬墙机器人对外墙空鼓、面 定和分析，为其风险排查和改造方案提供技术支 要素赋能住宅建筑管理新范式。

五、建 议 展 望

（一）加强政策引领

重点关注城乡发展、人口结构、生活方式、生活理念等方面变化对住宅设计、建造、使用、维护等方面产生的重大变革，着力摆脱住宅行业对传统模式的依赖和束缚，探索满足时代需求的住宅创新发展新路径。鼓励借鉴国外先进理念和经验，明确住宅工业化的正确概念、实现方法、关键点等问题，建立以可持续发展为目标的新型住宅工业化体系。参照发达国家住宅方面的法规制度建设情况，如日本《住宅法》等国外住宅法律法规的规定，探索性开展制定我国住宅法或住宅质量条例等相关法律法规的研究工作，理清住宅全生命周期各环节责任主体，为住房产品质量保障提供法律依据。

（二）完善标准供给结构

完善标准供给结构，严格执行标准，推动住宅高质量发展。以人民群众对于住宅日益增长和更新的需求为导向，以住宅建筑建设发展需要为基本出发点，明确住宅相关标准创新发展的方向和重点，提升住宅标准科学性、系统性、全面性，绘就住宅标准高质量发展新蓝图。优化调整标准供给结构，强化国家标准和行业标准底线控制作用，严格基础共性要求，发挥地方标准和团体标准灵活快速特点，满足市场和创新需要，响应不同地区、不同年龄人群、不同经济发展水平对于“好住宅”的多元需求，以培育发展地方标准和团体标准为重点，提升标准体系创新活力。进一步提升住宅标准水平，在建设好房子、好小区、好社区、好城区等方面持续发力，围绕品质提升，在住宅项目总图设计、综合验收、住宅体检、社区服务和社区管理等方面开展关键标准编制，加大智能建造等成熟技术在住宅领域的应用。针对提高住宅性能要求的关键指标开展分级分类研究，逐步在标准中提高指标要求，推动住宅性能稳步提升。因地施策加强住宅标准实施监督，提高施工质量，探索建立标准实施情况评估和监督检查机制，实现标准制定、实施和信息反馈闭环管理。做好强制性规范宣贯培训，健全强制性规范咨询解释机制。

（三）强化科技研发

加强基础研究和前瞻性研究，以提升住宅品质为目标，以提高住宅质量和性能为导向，研究住宅结构、装修与设备设施一体化设计施工方法、适老化适幼化设计技术与产品，开展住宅功能空间优化技术、环境品质提升技术、耐久性提升技术研究与应用示范，形成相关评价技术和方法。多渠道多措施鼓励开展住宅领域标准相关研究工作，强化住宅领域标准核心技术指标研究，以团体标准为主要载体，及时将先进适用的科技创新成果融入住宅标准，缩短新技术、新工艺、新材料、新方法标准研制周期，加快成果转化应用步伐，系统提升住宅标准水平，激发社会标准化创新发展动能。研究 BIM（建筑信息模型）与 5G（第五代移动通信技术）、大数据、云计算、人工智能等新一代信息技术融合应用的理论、方法和支撑体系，推动住宅行业数字化转型发展。建立科技项目与标准化工作联动机制，推进科学研究与住宅标准化工作协同一体发展。将标准化有机融入科学研究全过程，探索将标准研究成果纳入科研项目的考核指标，推动科研与标准研究、科技成果转化与标准制定、科技成果产业化与标准实施“三同步”。完善科技成果转化为标准的评价机制和服务体系，畅通科研成果转化渠道，提高转化效率，促进创新成果实现快速转化应用。

（四）加大人才培养

建立标准化人才培养长效机制，打造高素质专业队伍。提升科研人员、标准化工作人员标准化能力，筑牢标准化工作基础，系统开展强制性工程建设规范的宣贯培训，多种方式开展关键标准的宣贯培训，加强标准化工作人员理解标准和执行标准的能力水平。将标准化纳入普通高等教育、职业教育和继续教育，充分整合政府、学校、行业协会、科研院所、企业等多方资源，发挥优势互补，开展专业与标准化教育融合试点。开展标准化专业人才培养培训，建立健全标准化领域人才的职业能力评价和激励机制，造就一支熟练掌握国际规则、精通专业技术的复合型人才队伍。加强住宅行业从业人员应用标准规范、政策法规、相关工程技术知识培训，提高业务水平，为住宅行业高质量发展提供人才保障。着重培养住宅交付验收和运营维护的专业人才队伍，制定综合素质和工作能力要求，确立严格的准入条件，确保高标准、高要求建设职业化专业化交付验收和运营维护人才队伍，通过人才能力提升和队伍建设把好住宅质量关，提升住宅居住体验。

附　　录

附录一　国外住宅标准研究

为了更好地指导我国住宅建设品质提升，可以借鉴国际经验，本附录以英国、德国、美国、日本、瑞典和新加坡为例，对国外住宅标准体系、特色制度以及部分典型做法进行简述。

一、英国

（一）标准体系：以技术文件支持法律实施

英国的住宅建筑法律标准体系可以分为四个层级：法案—条例—指南—标准。法案包括《建筑法》（*Building Act*）、《住宅法》（*Housing Act*）等；条例包括《建筑条例》（*Building Regulations*）、《建筑设计和管理条例》（*Construction Design and Management Regulations*）等；指南是围绕建筑法规的配套指导方针，如针对2010年《建筑条例》（*Building Regulations*），英国发布了一系列指南作为配套文件（附录图1）；标准主要由英国标准协会（BSI）制定，是用以支持法律法规的技术文件，不具有强制执行力。

英国标准协会（BSI）每年发布超过2500项标准，在标准体系中按领域划分为多个类别，以“91 建筑材料和建筑”为例，其细分类别如附录图2所示。“91.040 建筑物”中，将建筑物分为通用建筑、公共建筑、工商业建筑、居住建筑和其他建筑。住宅建筑相关标准被列入“91.040.30 居住建筑”门类中，并包括以下标准文件：

- 《住宅建筑设计、管理和使用中的消防安全》21/30428100 DC BS 9991

2010年《建筑条例》配套指南：

《A.结构》
《B.消防安全》
　卷1：民宅
　卷2：住宅以外其他建筑物
《C.场地准备和抗污除湿》
《D.有毒物质》
《E.隔音》
《F.通风》
《G.卫生、热水安全、节水》
《H.排水及废物处理》
《J.燃烧设备及燃料储存》
《K.坠落、碰撞和冲击保护》
《L1A.新建住宅中节约燃料和电力》
《L1B.现有住宅中节约燃料和电力》
《L2A.住宅以外的新建筑物中节约燃料和电力》
《L2B.住宅以外的现有建筑物节约燃料和电力》
《M.进入和使用建筑物》
　卷1：民宅
　卷2：住宅以外其他建筑物
《P.用电安全——住宅》
《Q.安保——住宅》
《R.高速电子通信网络的物理基础设施》

附录图 1　2010 年《建筑条例》配套指南

- 91.010 建筑业
- 91.020 物理规划、城镇规划
- **91.040 建筑物**
  - 91.040.01 通用建筑
  - 91.040.10 公共建筑
  - 91.040.20 工商业建筑
  - **91.040.30 居住建筑**
  - 91.040.99 其他建筑
- 91.060 建筑物的元素
- 91.080 建筑物的结构
- 91.090 外部结构
- 91.100 建筑材料
- 91.120 建筑物的保护和建筑物内的保护
- 91.140 建筑物中的装置
- 91.160 照明
- 91.180 室内装修
- 91.190 建筑配件
- 91.200 建筑技术
- 91.220 建筑设备

附录图 2　91 建筑材料和建筑

- 《可移动住宿单元设计建议和基本单元的建设》BS 6767-1:1999
- 《服务设施和配件的设计和安装建议，以及运输、选址居住方面的指导》BS 6767-2:1998
- 《低层建筑结构设计　稳定性、现场调查、基础、预制混凝土楼板和房屋地面楼板的实施规程》BS 8103-1:2011
- 《低层建筑结构设计　住宅砌体墙实施规范》BS 8103-2:2013
- 《低层建筑结构设计　住宅用木地板和屋顶实施规范》BS 8103-3:2009
- 《阳台和露台设计指南》BS 8579:2020
- 《预防犯罪　城市规划与建筑设计》DD CEN/TS 14383-3:2005
- 《现有单位大厦外墙及覆层的火警风险评估》PAS 9980:2022

（二）典型做法：绿色健康与全龄友好促进可持续发展

1. 以绿色健康设计提升居住品质

英国于 1990 年发布世界第一部绿色建筑评价标准《建筑研究院环境评估法》（*Building Research Establishment Environment Assessment Method*，简称 BREEAM），将绿色建筑由理论推向实践。在推出 BREEAM 1/90 版本（主要评价新建办公建筑）后，接着在 1991 年推出了 2/91 版本（主要评价新建超级市场）、3/91 版本（主要评价新建住宅）。2000 年发布《生态家园评价体系》（*ECOHOMES: The Environmental Rating for Homes*）作为 BREEAM 的住宅版本，用于新建或改建的小住宅和公寓。生态家园评价体系的评估内容主要包括：能源、交通、污染、材料、水、生态与土地利用及健康 7 个方面。2006 年，基于生态家园评价体系发布了《可持续住宅标准》（*The Code for Sustainable Homes*）（附录表 1），经试运行和修改完善后，2008 年开始在英格兰地区作为强制性标准执行。因为整体过于严苛，该标准在 2015 年 3 月被撤销，但其部分条款仍在除苏格兰外的其他地区发挥效力。

英国《可持续住宅标准》主要评价内容　　　　附录表 1

序号	指标	具体要求
1	能源与 CO_2 排放	CO_2 排放量（按照目标排放量比规定的 CO_2 排放量降低的百分比评级）
		建筑围护结构热工性能
		能耗显示装置
		干燥的安全空间（主要指干燥衣服）提供情况
		使用贴有生态节能标识的白色家电情况
		外部照明（包括空间照明与安全照明），具有低能耗的室外灯光系统
		低碳或零碳技术的应用，通过采用低碳或零碳技术减少 CO_2 排放量
		自行车库的配置情况
		家庭办公空间和服务设施
2	水	室内水用量
		外部水的使用：利用雨水收集系统来灌溉花园或景观区域
3	材料	材料的环境影响
		建筑基本结构中所采用的原材料的获取来源
		建筑装饰结构中所采用的原材料的获取来源

续表

序号	指标	具体要求
4	地表径流	住宅开发过程中的地表径流管理，在设计建造过程中减少、避免或推迟雨水排入市政管道或河流中
		洪水灾害，在低洪涝灾害地区建造住宅，或在中等、高发灾害地区采取措施，降低对建筑的影响
5	废弃物	不可回收及可回收废弃物的储存空间
		建筑工地废弃物管理
		堆肥处理，主要指提供家庭废弃物的处理设备
6	污染	降低 GWP（Global Warming Potential，全球变暖系数）
		控制氮氧化物（NO_x）的释放量
7	健康与舒适性	是否有充分的采光
		隔声性能设计是否优于建筑规范要求
		是否有私密或半私密的室外空间
		住宅设计是否适用人一生的居住，即提高住宅的适用性以满足需求的变化
8	管理	用户指南的提供，使住户能够理解并高效地使用住宅产品和当地设施
		详细的建造计划
		对环境友好的施工现场管理手段
		居住者的安全感
9	生态	场地生态价值的评估
		生态价值的增强
		对场地内已有的生态特征进行保护与提高
		改变场地的生态价值，提高物种数量
		有效利用建筑占地

2. 以全龄友好建设满足多元需求

20 世纪 90 年代，英国大部分住宅在实际使用中不同程度地存在可达性和方便性等方面的问题，难以满足不同年龄段使用者的需求，由此英国提出了“终生住宅”概念。2003 年，英国政府提出了“可持续的社区，面向未来的建设”计划。2008 年，英国住房、社区和地方政府部（DCLG，现为住房、社区和升级部）正式颁布了“终生住宅，终生社区”政策。2011 年，《终生住宅设计导则》（*Lifetime Homes Design Guide*）正式颁布，提出住宅设计标准应满足居住者不同时期的要求，为全龄化住宅的设计提供了技术指导。英国政府规定自 2011 年起，所有政府新建住宅项目必须要达到《终生住宅设计导则》要求。

2016 年，《终生住宅设计导则》中原有的 16 条设计标准经修改调整，被正式纳入英国《建筑条例》（*Building Regulations*），构成“无障碍和适应性住宅”建设要求。与《终生住宅设计导则》相比，《建筑条例》更加侧重于普通住宅的适应性设计，如：增加窗户扶手高度和散热器位置控制；允许“缓坡”停车；免除停车位需要确保能够扩大到 3.3 米的要求；取消主卧室和无障碍卫生间须位于入口层或入口层相邻层的要求。

二、德国

（一）标准体系：采纳欧洲标准提供方法支撑

德国的住宅建筑法律标准体系分为四个层级：法律—法规—技术规定—技术标准。法律包括《联邦建筑法典》（*Baugesetzbuch*）、《建筑使用条例》（*Baunutzungsverordnung*）等；法规包括各州的《建筑法规》（*Bauordnungsrecht*）和相关法令，如《建筑技术检测法令》《无障碍建筑法令》等；技术规定是将各州建筑法规的一般性要求具体化的方法文件，以《德国模式建筑技术管理规定》（*Musterverwaltungsvorschrift Technische Baubestimmungen*，*MVV TB*）为模板，各州政府有关部门或参议院转化制定了各州《建筑技术规定》；技术标准的主要作用是给出实现强制性建筑技术要求的途径和方法，同时对尺寸规格、计算方法、建材与制品、试验方法、工艺规程等也作了相应规定，属推荐性标准。但如果被技术规定引用，被引用的部分具有和技术规定同等的效力。如 MVV TB 引用的标准、规程、技术文件等多达 19 种，包括欧洲标准转化成的德国标准（DIN EN）、德国国家标准（DIN）、ISO 标准转化成的德国标准（DIN EN ISO）、欧洲标准（EN）以及协会标准等。

德国国家标准（DIN）由德国标准化学会（DIN）组织制定。其中与住宅建筑相关的标准对住宅建筑的间距、采光通风、防火、隔声与防潮等方面均进行了规定，如《建筑材料和构件的防火性能》DN 4102、《建筑物的隔热与节能》DIN 4108、《建筑物隔声》DIN 4109、《建筑物防水层》DIN 18195 等。

（二）典型做法：基于全生命周期视角提升住宅品质

2012 年，德国出台了《可持续住宅质量标识》标准，适用范围为具有 6 个居住单元及以上的新建集合式住宅，强调节约资源能源，通过居民参与，在经济盈利的框架内建设高质量可持续性住宅。具体包含居住质量、技术质量、生态质量、经济质量和过程质量五大方面，共 40 项分项指标，其 2020 年修订版具体内容见附录表 2。

德国《可持续住宅质量标识》（2020 年版）主要指标及内容　　附录表 2

方面	评价指标	具体内容
居住质量	住宅功能性品质	居住空间的功能性
		厨房和用餐区
		卫生间
		存储空间和晾晒空间
	室外座椅 / 室外空间	阳台、露台、私家庭院，面积要求，日照要求
	无障碍通达性	建筑入口的无障碍通达性
		住宅入户的无障碍通达性
		住宅室内的无障碍通达性
	停车空间	自行车停车空间
		婴儿车 / 助行车停车空间
		机动车停车空间 / 环保出行计划

续表

方面	评价指标	具体内容
居住质量	室外活动场地	所有人活动的开放空间
		儿童的开放空间
		青少年的开放空间
	热工舒适度	夏季热舒适度，遮阳设施，视觉通透性
	采光 / 视觉舒适度	日照要求，单元入口和公共交通区域自然采光；放下遮阳帘室外景物正常显色要求
	空气质量	采用环保认证建材，TVOC、甲醛浓度
	安全性	安全设施
		与安全性相关的设计
		落实城市设计预防犯罪手册要求
	面积系数 / 得房率	DIN 277-1 计算建筑面积
	垃圾分类及收集系统	垃圾收集点要求
	城市设计和住宅美学品质	建筑设计奖项
		方案招投标及实施
		专家评审
技术质量	隔声	外部噪声
		楼板隔声（空气噪声、固体噪声）
		管道噪声
	节能性能	满足 EnEV 节能要求
		满足 KfW-55 节能要求
		满足 KfW-40 节能要求
	设备系统	机械通风、新风热回收设备能耗要求
		电梯节能要求
		照明节能要求
	自然与机械通风	住宅通风设计，自然通风和机械通风设备的构建和运行
		为用户提供有关正确使用通风系统的信息
		房间通风设计，穿堂风系统、通风竖井系统

续表

方面	评价指标	具体内容
技术质量	防火	建筑消防设计要求
	防潮	建筑围护结构及建筑内部在任何气候条件下不产生凝结水
		外墙及外门窗的防水性能
		地下室防水
	建筑外围护结构气密性	无新风设备时换气量要求，有新风设备时换气量要求
	基地自然灾害防范	氡气风险防范
		洪涝风险防范
		风暴风险防范
	耐久性	建筑结构和外围护结构的使用年限
		建筑屋面、建筑首层外墙等区域加强耐久性措施
		方便维护 / 加装设备管线
	建筑回收利用	编制建筑结构主体、装修材料、设备设施的回收利用方案
		对易回收和难回收的建筑材料进行分类
		材料再利用和有害物质处理
生态质量	生命周期评估一	温室气体排放潜势（碳排放）
	一次性能源需求	不可再生一次性能源需求量
		可再生一次性能源需求量
	平面利用系数 / 场地硬化率	平面利用系数
		场地硬化率
	生命周期评估二	其他温室气体排放
	为租户和第三方获取的能源	太阳能、生物质能源
	自来水 / 饮用水	用水量计算
	避免有害物质	装修建材、表面材料、涂料等有害物含量
	使用认证的木材	FSC 认证和 PEFC 认证
经济质量	全寿命成本	全寿命成本计算
	投资的保值性	投资
		市场价值
	长期价值稳定	空间可改性、适应不同使用功能，结构耐久性、灵活性，设备灵活性，能源系统

续表

方面	评价指标	具体内容
过程质量	建筑施工质量 / 检测	建筑施工质量 / 检测
	建筑前期准备的质量	多专业整合工作模式
		需求计划 / 建筑策划
	工程及产品备案	施工备案
		产品备案
	交付使用 / 使用指导	对物业的使用指导
		对住房者的使用指导、提供相关资料
	设备调试 / 投入使用	系统调试，运行优化方案、第三方评估
	运营先决条件	监测计量方案、监测计量设备
	清洁 / 维护 / 保养	清洁 / 维护 / 保养方案

三、美国

（一）标准体系：以市场化方式凝聚社会共识

美国的住宅建筑法律标准体系分为三个层级：样板法规—公认标准—源文件。样板法规均属于自愿性示范法，只有被各州及地方政府采纳后才具有法律效力，如美国国际规范委员会（ICC）制定的 I-Code 系列法规；公认标准是由源文件得到广泛认可后形成的，如美国钢铁建筑协会（AISC）制定的钢结构建筑相关标准；源文件由各学协会制定，包括正式出版的刊物、书籍，也可以是发布的文件、公告等，如美国材料与试验协会（ASTM）发布的《建筑防火安全设计》。

ICC 制定的 I-Code 系列样板标准，包括《国际建筑规范（IBC）》《国际住宅规范（IRC）》《国际节能规范（IECC）》《国际既有建筑规范（IEBC）》《国际物业维护规范（IPMC）》等。《国际住宅规范（IRC）》规定了单户或两户住宅以及联排别墅的最低要求，2021 年版章节内容包括：范围和管理、定义、建筑规划、基础、地板、墙体施工、墙面、吊顶施工、屋顶组件、烟囱和壁炉、能效、机械设备的管理、通用机械系统要求、制冷制热设备和器具、排气、燃气、管道、烟囱和通风口、专用器具 / 设备 / 系统、锅炉和热水器、水管、特殊管道和储存系统、太阳能热能系统、供水、电气、照明和灯具、游泳池、参考标准。

（二）典型做法：考虑居住者行为助力绿色健康

1994年美国绿色建筑委员会USGBC（U. S. Green Building Council）为满足美国建筑市场对绿色建筑评定的要求，起草了LEED（Leadership in Energy and Environmental Design）标准。目前美国LEED标准分为五大类，分别为：新建建筑设计及施工（LEED BD+C）、既有建筑运营及维护（LEED O+M）、室内装修设计及施工（LEED ID+C）、住宅建筑（LEED Homes）、社区开发（LEED ND）。此外还包括LEED再认证（Recertification）。其中住宅建筑（LEED HOMES）包括单户住宅（Single Family Homes）和多户住宅（Multifamily Homes）（附录表3）。

LEED v4.1 主要评价指标 **附录表3**

	单户住宅		多户住宅	
	先决条件（必备项）	优化条件（评分项）	先决条件（必备项）	优化条件（评分项）
选址与交通	• 避免洪水泛滥区	• 符合LEED-ND的项目选址 • 选址（敏感土地保护、开放空间、街道网络等） • 集约开发 • 社区资源（鼓励步行和自行车） • 交通可达性	—	• 社区开发位置的LEED认证 • 敏感土地保护 • 高优先级选址 • 周边密度和多样用途 • 品质交通可达性 • 自行车设施 • 减少停车足迹 • 电动汽车
可持续场址	• 施工活动污染防控	• 降低热岛效应 • 雨水管理 • 无毒治理虫害	• 施工活动污染防控	• 降低热岛效应 • 雨水管理 • 保护或恢复栖息地 • 开放空间 • 场地评估 • 减少光污染

续表

	单户住宅		多户住宅	
	先决条件（必备项）	优化条件（评分项）	先决条件（必备项）	优化条件（评分项）
用水效率	• 室内/室外节水 • 建筑整体用水计量	• 总用水量 • 室内节水 • 室外节水	• 节约用水 • 建筑整体用水计量	• 节约用水 • 用水计量
能源与大气	• 最低能耗性能 • 能源计量 • 房主、房客或建筑管理员的教育	• 年度用能 • 高效热水分配系统 • HVAC 启动认证 • 制冷剂管理	• 基本系统测试和认证要求 • 最低能源性能要求 • 能源计量要求 • 基本制冷剂管理要求	• 加强调试 • 优化能源性能 • 整栋建筑能源检测和报告 • 加强制冷剂管理 • 电网协调 • 可再生能源 • 生活热水管道保温
材料与资源	• 耐久性管理	• 耐久性管理验证 • 环保产品 • 建筑废弃物管理 • 高效的框架材料	• 储存和回收可回收物的要求 • 施工和拆除废弃物管理计划	• 减少建筑全生命周期影响 • 环保产品 • 施工和拆除废弃物管理
室内环境质量	• 通风 • 燃气通风 • 车库污染物防治 • 防氡建设 • 空气过滤 • 分区	• 加强通风 • 污染物控制 • 冷热分配系统平衡 • 低排放产品	• 室内空气质量最低性能 • 燃气通风 • 车库污染物防治 • 防氡建设 • 室内湿度管理 • 分区 • 控烟环境	• 加强室内空气质量策略 • 低排放材料 • 室内空气质量评估 • 热舒适 • 日照和视野 • 强化分区 • 无烟环境 • 声学性能

续表

	单户住宅		多户住宅	
	先决条件（必备项）	优化条件（评分项）	先决条件（必备项）	优化条件（评分项）
创新	• 初步评级	• 创新 • LEED 认证专业人士	—	• 创新 • LEED 认证专业人士
区域优先	—	• 区域优先	—	• 区域优先

除绿色节能外，美国也非常重视建筑对人体健康的影响。美国国际WELL 建筑研究所（International WELL Building Institute）制定的 WELL 建筑标准将建筑设计与健康相结合，建立了包含空气、水、营养、光、运动、热舒适、声环境、材料、精神、社区、创新的指标体系。由美国疾病预防控制中心和美国总务署共同发布的 Fitwel 标准，以促进健康、减少发病率和缺勤率、关注易感人群、提升幸福感、增强身体活动、保障使用者安全等为目的（附录图 3）。其中，针对集合住宅类建筑的十二大评估指标为：选址、周边健身场所可达性、户外活动空间、出入口与地面层、楼梯、室内环境、居住空间、共享空间、饮水供应、备餐区与生鲜超市、自动贩卖机与点心吧、紧急情况应变能力。

附录图 3　美国 Fitwel 七大健康愿景

四、日本

（一）标准体系：着力推进住宅产业化与长寿化

日本的住宅建筑法律标准体系分为三个层级：基本法律—中央及地方法规—标准指南。基本法律即建筑基准法，通过制定场地、建造、设备和建筑物使用的最低标准来保护人民的生命、健康和财产安全；中央及地方法规包括政府令、省令、告示、地方法规及实施细则等，与其配套的建筑基准法一起经法律授权强制执行；标准指南由标准协会或各行业协会起草，由政府指定的日本工业化标准委员会发布，自愿采用且不具有法律效力，但常被相关法律法规引用。

日本战后住宅建设全面复兴时期颁发了《住宅建设规划法》《住宅建设计划法》《装配住宅公团法》等法律法规，以及《普及装配部品制度》《优良装配部品制度》《装配住宅性能指标》等技术规范，注重建筑能耗和成本节约，大力推动装配式建筑与住宅产业化，大量建设节能装配的公营住宅、公库住宅和公团住宅。解决基本住房问题后，为了确保住宅质量与性能，1974年颁发了《住宅质量确保法》，并于同年开始实施《住宅性能保证评价标准（RPA）》。1988年继承并发展公团实验住宅项目（KEP）的研究结果，开发制定了“百年住宅体系（CHS）”的设计体系及其评价标准。2000年，国会通过《住宅品质确保促进法》，并于同年10月开始全面实施《住宅性能表示制度》的“住宅性能表示评价标准（RPR）”。2007年，日本国土交通省为推进住宅建筑的长寿化，颁布了《200年住宅建设的愿景》，2009年施行《促进长期优良住宅普及的法律》，全面推行长期优良住宅（LQH）建设。

（二）典型做法：开放建筑体系实现安全耐久

为建设价值长久的高质量住宅，日本先后开发“百年住宅体系（Century Housing System，CHS）”和“支撑体住宅（Skeleton-Infill，SI）”。CHS住宅由可使用百年以上高耐久性建筑结构主体、易于更换的内装与设备构成，其基本特征包括：（1）空间开放性与可变性；（2）以统一尺寸规则，实现部品部件的互换性；（3）可方便按照使用年限实施部品更换；（4）独立设置管线空间，便于其维修与更换；（5）建筑结构主体的耐久性高；（6）可实现计划性维修管理。SI 住宅继承了 CHS 住宅体系，通过将具有长期耐久性的建筑支撑体（Skeleton）与具有灵活适应性的建筑填充体（Infill）两部分相分离的方法来实现建筑长寿化的住宅建设（附录图 4）。

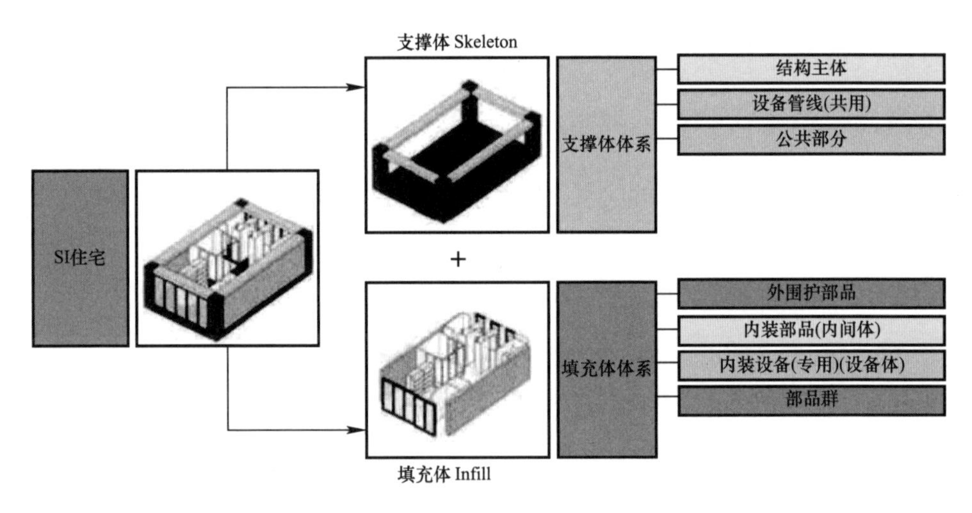

附录图 4　日本 SI 住宅概念图

日本政府于 2007 年提出了“200 年住宅”的构想，2009 年颁布《长期优良住宅法》，基本思想是从“建造后拆除”的资源消费型社会向“建造优良产品、精心维护管理、长期珍惜使用”的资产存量型社会转型发展，致力于实现“200 年住宅”的愿景（附录表 4、附录图 5）。

日本长期优良住宅认定标准与设计标准内涵及指标　　附录表 4

方面	要求	说明
主体耐久	3 级（住房性能指示系统的最高标准级别）	1 级：采取《建筑标准法》要求的措施 2 级：采取将住房寿命延长到 50～60 年（两代人）的措施 3 级：采取将住房寿命延长到 75～90 年（三代人）的措施 框架至少连续使用 100 年的措施

续表

方面	要求	说明
抗震性能	满足1级或2级抗震能力或使用地震隔离结构	1级：《建筑标准法》要求的抗震能力 2级：比1级高1.25倍 3级：比1级高1.5倍
易于管理和更新	3级运行和维护措施（住房性能指示系统中的最高标准级别）	1级：除2级和3级以外 2级：易于管理和更新的基本措施（如不将管道嵌入混凝土中） 3级：易于管理和更新的具体措施（如安装清洁孔和检查室）
节能对策	4级隔热能力（住房性能指示系统中的最高标准级别）	1级：2级～4级以外 2级：采取节约少量能源的措施（1980年节能标准） 3级：采取节约适量能源的措施（1992年节能标准） 4级：根据《合理使用能源法》的要求，采取节约大量能源的措施（2016年节能标准）
居住空间	面积75平方米以上	—
居住环境	与地区规划、景观规划、建筑协议等相协调	—
维修计划	制定未来定期检查和维护住房的计划	—
灵活可变	为未来套内的灵活可变预留条件	针对集合住宅增加的内容
高龄者对策	公共区域有足够的空间用于无障碍环境的改善	针对集合住宅增加的内容

五、瑞典

（一）标准体系：关注模数协调与部品规格化

瑞典于1967年发布了第一部住宅标准法规《住宅标准法》，同年还公布了《建筑物技术质量法》和《规划和建造法案》。1992年公布《建筑施工技术要求法案》。同时还制定了相关的技术标准规范，进一步落实相关法律，满

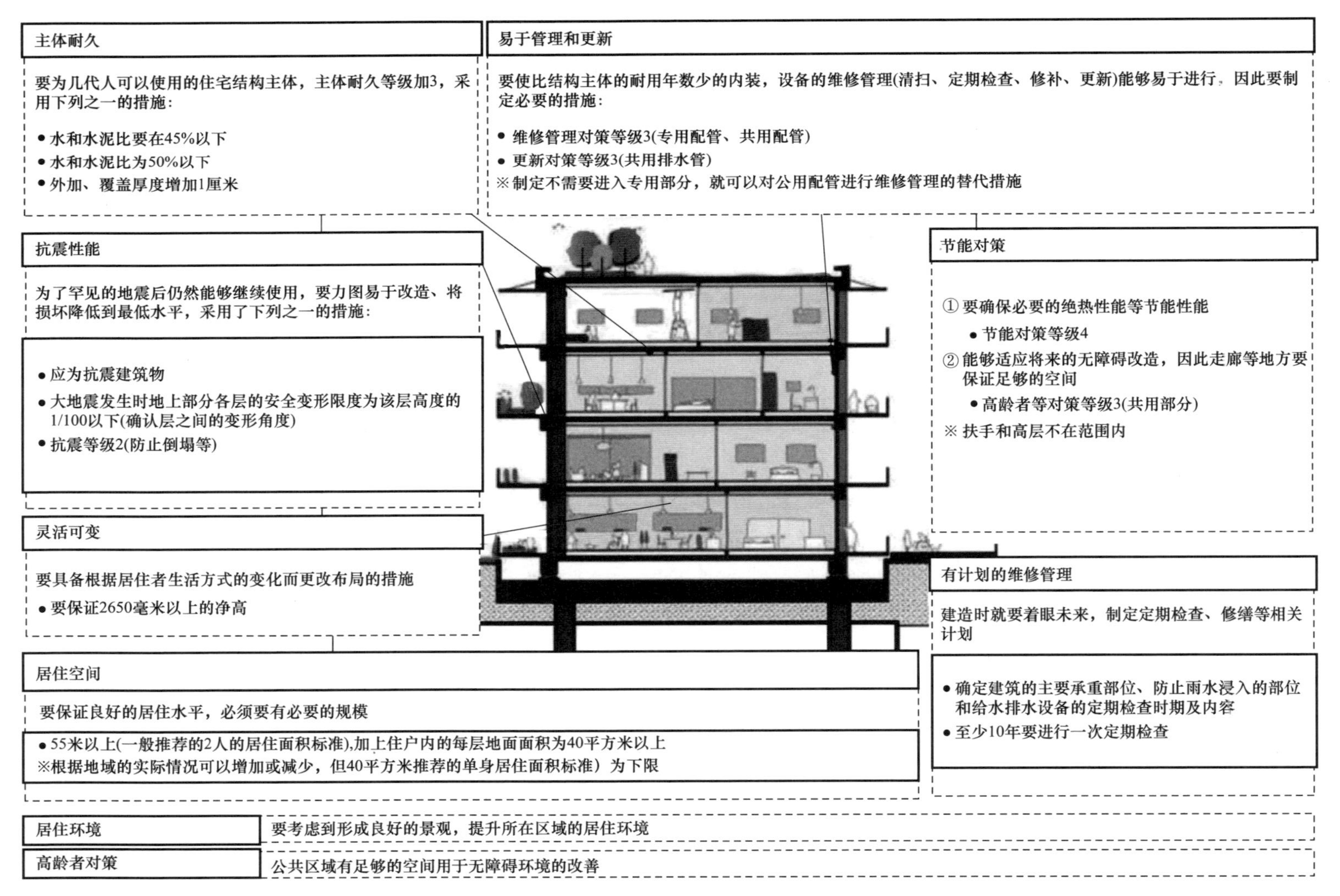

附录图 5　日本长期优良住宅的标准概念图（集合住宅类型）

足建筑质量、性能和可持续性的要求。主要的标准规范包括《建筑规范》《建筑施工技术要求条例》《设计规范》《环境标准》等，明确提出住宅和建筑要符合安全性、耐久性、适应性、预防性、经济性等九点性能要求。

此外，为推进建筑模数协调和建筑部件的规格化，瑞典国家标准和建筑标准协会（SIS）出台了一整套完善的企业化建筑规格、标准。如“浴室设备配管”标准、“主体结构平面尺寸”和“楼梯”标准、“公寓式住宅竖向尺寸”及“隔断墙”标准、“窗扇、窗框”标准、“模数协调基本原则”、“厨房水槽”标准等。同时还根据《关于CE标识的法案》，建立了建筑产品认证（CE标识）制度。

（二）典型做法：全民住房保障促进幸福愉悦

瑞典的住房体系主要包括四大类型：公共租赁住房、市场租赁住房、合作社住房和私有住房。其中公共租赁住房和合作社住房属于保障性住房。瑞典的住房体系具有以下三方面特征：

1. 机构属性强，建管一体化

除私有住房外，另外三类住房全部由机构主导控制，两类租赁住房都是由专业的租赁公司供应，而合作社住房的整体产权也必须以住房合作社的形式持有。政府住房公司、住房合作社等长期以来负责公共住房的筹集建设、运营管理，在降低政府工作压力的同时，提高了住房供给的品质和专业化水平。

2. 公共属性强，面向全民的住房

有别于欧洲大部分国家的“社会住房”以及我国的“保障性住房”，瑞典奉行“全民住房”理念，即公共租赁住房是面向全体居民无门槛供应。截至2019年底，瑞典290个城市共有312家政府住房公司，为居民提供了82.45万套公共租赁住房。值得注意的是，公共租赁住房的租金水平只是略低市场租赁住房的10%。瑞典一般通过提供住房津贴（Housing Allowance）或住房补助（Housing Supplement）来提高弱势群体的住房可负担性。

3. 服务属性强，重视公众参与

瑞典公共租赁住房的租客享受着房东公司提供的“全生命周期”服务。

租客在日常租住期间，如遇到物业相关问题，可直接请房东公司进行维护处理。租赁住房通常每10年～12年可以得到房东公司的免费内部维修，包括地板、墙面、门窗等翻新，整栋住宅每30年左右还会得到一次免费的全面翻修，翻修经费完全由房东公司负担，涉及外立面、屋顶、管线、楼道等公共空间，由此得以使住宅长期保持良好的状态。而且此类更新必须得到100%租户的同意。调查发现，除提升建筑、环境等物质因素外，良好的社区环境也是吸引居民的重要因素，包括周边交通、学校、社区及邻里交往等。

六、新加坡

（一）特色制度：推进组屋建设实现“居者有其屋”

新加坡的组屋是保障性住房制度的典范。1960年，新加坡颁布《建屋发展法》，成立建屋发展局（HDB，Housing & Development Board），并明确其职责是“向所有有住房需求的人提供配有现代设施的体面居所”，大力推动组屋建设。组屋类型主要包括：1房式（客厅、饭厅和卧室为一体的组屋，现在大部分已经被拆除）、2房式（一室一厅）、3房式（两室一厅）、4房式（三室一厅）、5房式（三室两厅）、6房式（四室两厅）及双层公寓式（复式组屋单位，一般下层为客厅、饭厅、厨房和储藏室，上层为卧室）。截至2021年底，新加坡大户型组屋（4房式、5房式）合计占比超过70%，新加坡超过80%的人口居住在组屋中。

此外，组屋附近都会配套相应的停车场、运动设施、商场、巴士转换站等，楼与楼的空地上还会设置收费低廉的游泳池，更大的社区则建有轻轨站以方便居民出行。新加坡的组屋都经过了简单装修，并附带部分基本家具，入住者可以直接拎包入住，缓解了装修压力。

（二）典型做法：持续翻新改造保障租屋品质

为改善住户生活品质，新加坡建屋局从1989年至今对不同建造年代的组屋制定了不同的翻新计划，包括主要翻新计划、中期翻新计划、邻里更新计划、家庭改善计划等。组屋更新从响应区域整体功能组织优化、塑造更积极的生活方式、满足老年人需求、突显当地特色、户型升级等因素出发，提供定制化的更新升级方案，前瞻性地阻止了旧社区的衰败。组屋翻新计划的推进过程非常强调公众参与，大部分更新计划都需要 75% 以上居民同意方可执行，且在设计方案中充分采纳居民意见（附录表 5）。

新加坡组屋主要翻新计划（MUP）的标准配套和增加空间项目内容 附录表 5

<table>
<tr><th>工程范围</th><th>分类</th><th>具体内容</th></tr>
<tr><td rowspan="3">标准配套</td><td>邻里改善</td><td>增加有顶的连廊
入口处增设可供汽车通行的门廊
重建人行道 / 外部楼梯
重建硬质球场
升级儿童游戏场
提供慢跑径 / 健身角
绿化造景
邻里休憩亭</td></tr>
<tr><td>楼栋改善</td><td>重新粉刷楼栋 / 立面改进
改善电梯厅
若技术可行，升级电梯实现每层停靠
更好更快的电梯
重新粉刷组屋底层 / 走廊
新设计的信箱
更换楼栋号码牌</td></tr>
<tr><td>组屋单位内改善</td><td>现有浴室和厕所的升级
浴室和厕所地板的防水
浴室及厕所地板和墙壁的贴砖
新坐便器替代现有的蹲 / 坐便器
更换浴室及厕所的排风口
提供扶手杆
PVC 折叠门替代现有的浴室及厕所门
新面盆替代现有面盆
更换窗户和格栅</td></tr>
<tr><td>增加空间项目</td><td colspan="2">可增加杂物间、厨房扩展、厕所等，具体取决于场地 / 结构的限制和现有楼栋 / 公寓的布局</td></tr>
</table>

在全龄友好方面，新加坡政府在 2013 年推出覆盖全部组屋居民的住宅适老化改造项目——“乐龄易计划”（EASE，Enhancement for Active Senior），作为 HIP 计划的一部分。该计划自 2013 年开始覆盖至全岛，由政府给予补贴，以协助年长者原地养老，并减少其在家中跌倒的风险。该计划具体由地面防滑、扶手和斜坡过渡三个部分组成。自 2023 年 4 月 4 日起，服务范围扩大至为超过 3 级台阶的主入口设置定制坡道，以及为需要轮椅及居住在多台阶主入口组屋的长者而设的轮椅升降机（附录表 6）。

新加坡 EASE 计划具体内容 **附录表 6**

EASE 升级服务	示意图 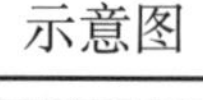
对不多于 2 间浴室 / 厕所的现有地砖进行防滑处理	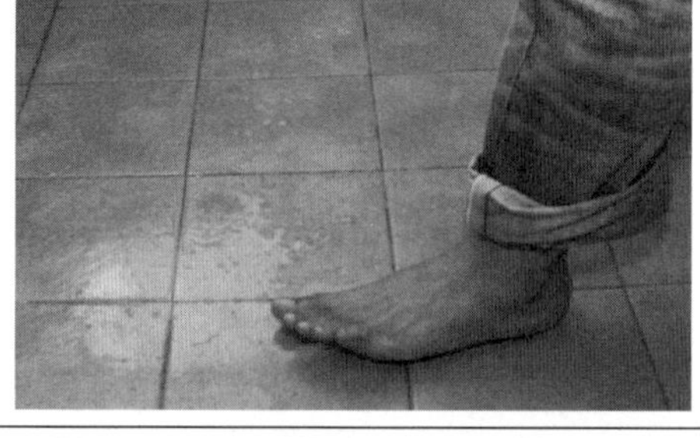
提供一套扶手（可选白色或红褐色）： 第一组：8 个或 10 个扶手，用于第一个厕所和公寓内 第二组：6 个扶手，用于第二个厕所	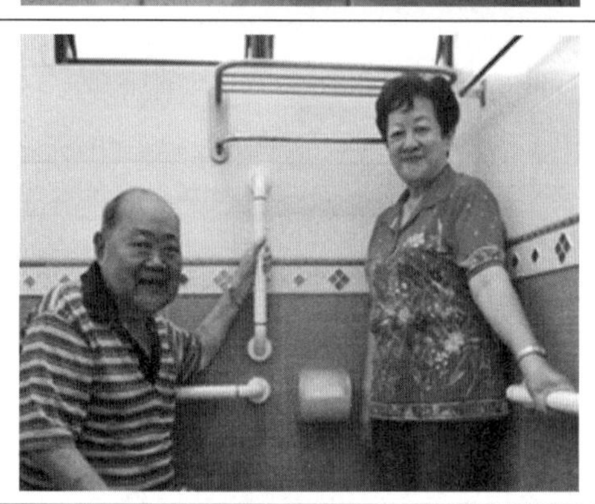
在公寓内和主入口最多设有 5 个坡道 / 无障碍解决方案： （1）单台阶坡道 （2）可移动斜坡（用于多台阶主入口） （3）定制斜坡（用于 2～3 级台阶的主入口）	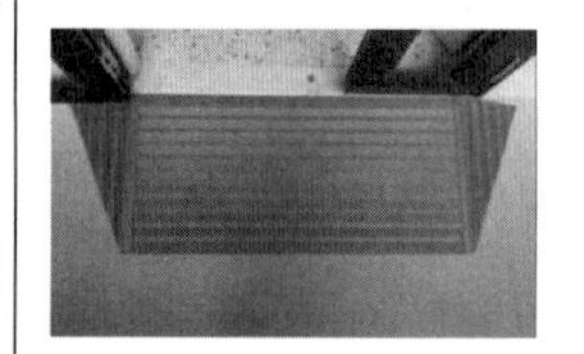 (1)  (2)  (3)

续表

EASE 升级服务	示意图
（4）定制斜坡（用于超过3级台阶的主入口） （5）轮椅升降机（用于多台阶主入口）	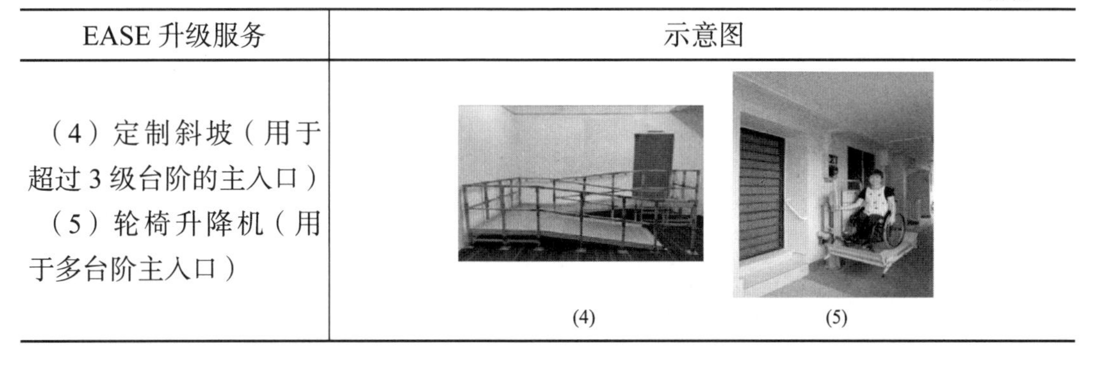 (4)　(5)

附录二　科技赋能“好房子”案例

一、绿色健康街区与建筑融合设计示范

（一）项目简介

项目为租赁型保障性住房，用地性质为商住混合用地，建筑面积9.41万平方米，设计时间为2015年7月，竣工时间为2018年6月。本项目以高品质设计、高质量建造为目标，贯彻新时期国家“低碳”“绿色”“宜居”理念，在设计和建设中体现以人民为中心的发展思想，以科技创新促进设计品质和工程质量提升，带动项目高质量设计、精益化建造，实现项目高品质。实景图如附录图6所示。

（二）主要技术措施

1. 融合共享的街坊邻里社区环境

项目由6栋住宅围合社区，规划设计时采用了“开放式住区”的住宅街坊布局（附录图7），融合了商业、社区服务、教育培训等多种混合功能，充分考虑了人们居住和生活的需求，构建了商住融合、生活便利、交通便捷的共享邻里社区。

社区采用“人车分流”（附录图8）和购物人流与居住人流分流（附录图9）的交通组织模式。地下车库出入口临近主要出入口布置，车辆不进入

街坊内部。街坊内部主要是步行系统，步行系统设有明显标识，通常利用地面材质的变化加以提示。

附录图 6　项目照片

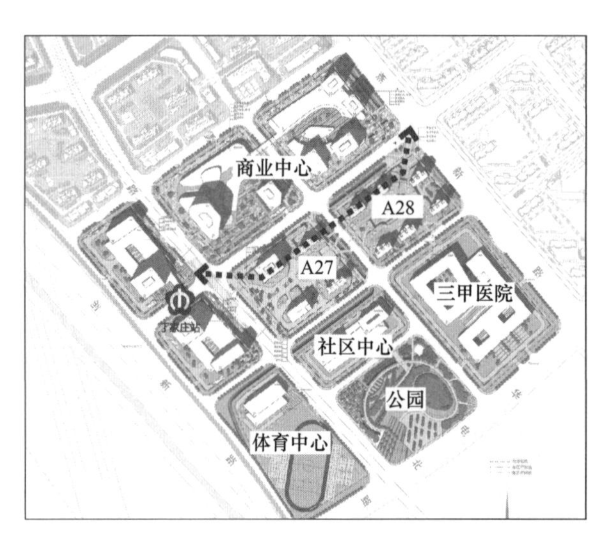

□构筑完善的公共交通体系
□构筑开放的商业服务设施及公共空间网络
□构筑多层次的生态绿化网络系统
□合理配置机动车停车需求

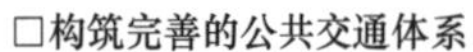

附录图 7　融合共享的开放式社区

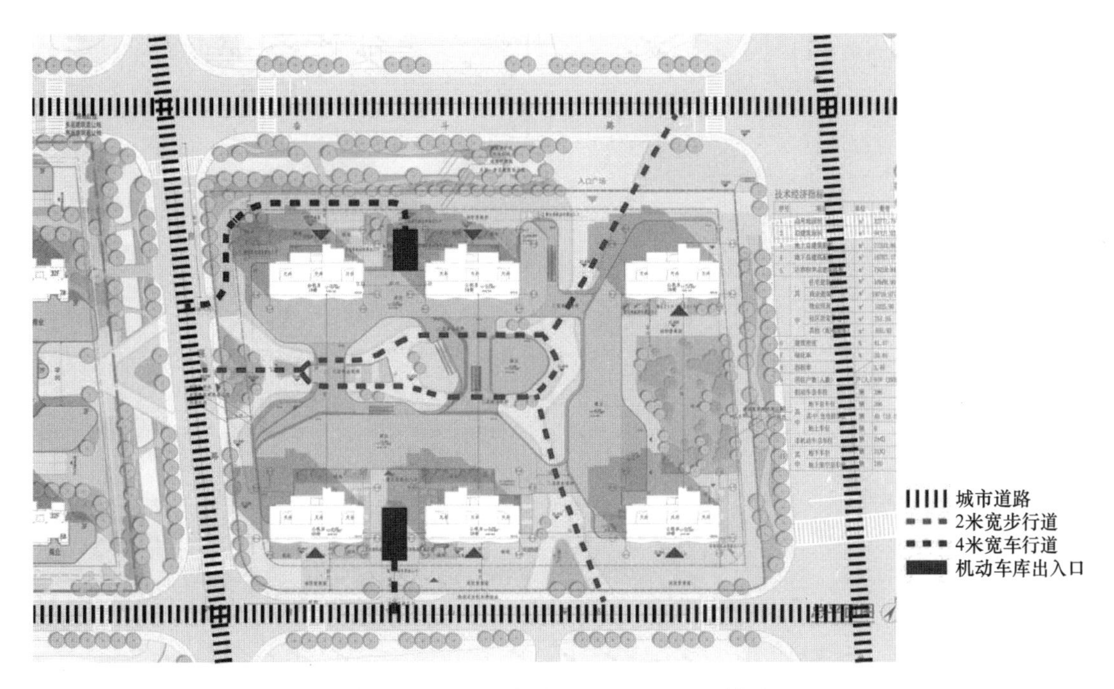

附录图 8　人车分流的交通组织模式

附录图 9　西侧商业内街与东侧居民生活休闲广场相分离

开放式住区可以使居民享有更便利的配套服务，街坊式沿街商业以餐饮点、零售摊点、超市为主，方便居民生活的最基本需要，有助于提升居民对社区的认同感、体验感、幸福感。

2. 室外风环境优化设计

通过建筑布局方案优化设计，将东南角的底部商业向东调整，打开了场地的通风界面，形成了东南—西北方向的通风通道，夏季 / 冬季符合场地舒适度要求的范围达到 70%～85%。如附录图 10 所示，冬季建筑区域风速基本

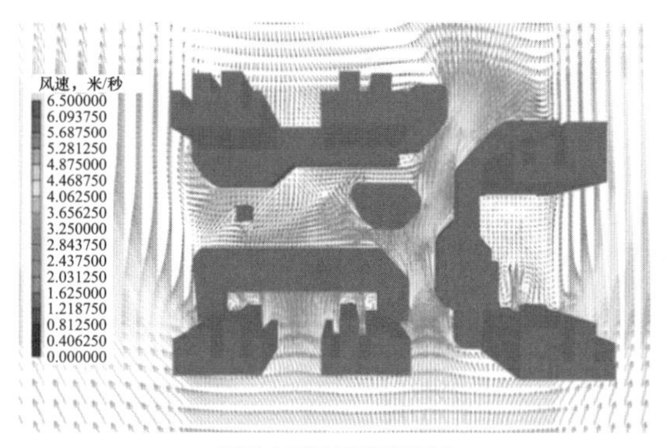

夏季小区风场速度云图

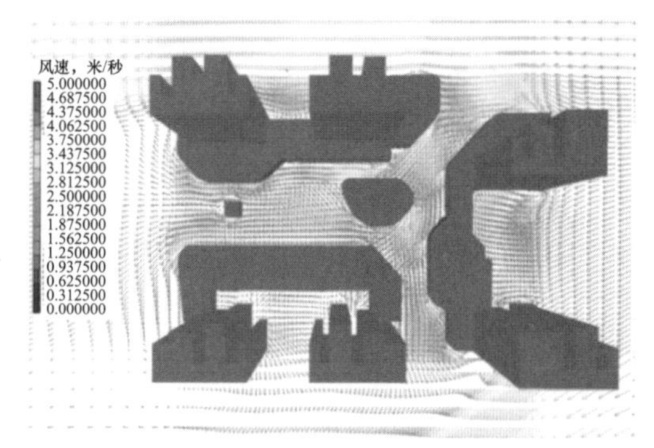

冬季小区风场速度云图

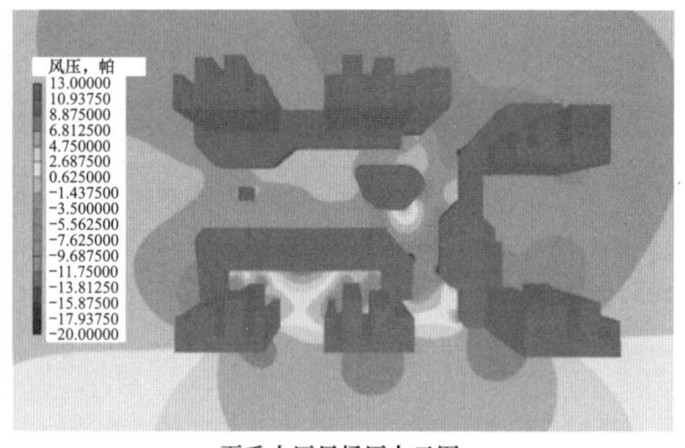

夏季小区风场压力云图

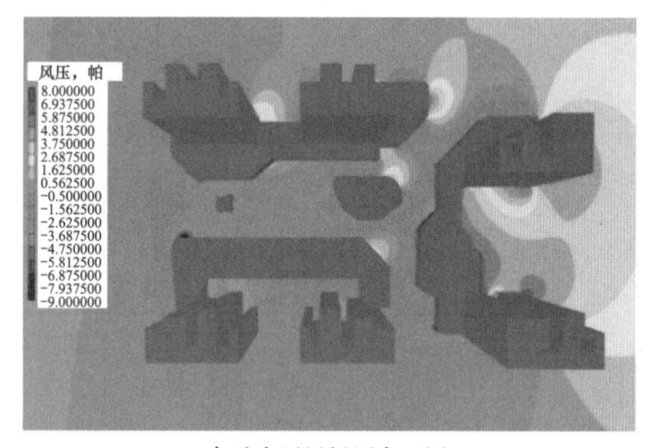

冬季小区风场压力云图

附录图 10　小区室外风环境优化

处于 0.3 米 / 秒～3.2 米 / 秒，风速放大系数约为 1.62；夏季建筑区域风速基本处于 0.3 米 / 秒～4.5 米 / 秒，最低风速出现在建筑物的背风侧，最高风速出现在建筑群的通风巷道。

3. 基于海绵城市理念的全透水住区设计

如附录图 11 所示，项目通过设置透水铺装、植被缓冲带、下凹式绿地、屋顶绿化、雨水调蓄回用池等海绵城市设施，可有效降低场地综合径流系数，并实现了场地雨水收集与利用。

项目中屋顶绿化面积为 4328 平方米，占屋顶可绿化面积的 70%；项目透水性铺装面积为 4930 平方米，场地综合径流系数降低 0.15，场地雨水外排总量为 24.7%。2019 年，受台风影响最大日降雨量达到 63.2 毫米，路面基本无积水，海绵设施功效凸显。同时，雨水回用系统可回用雨水总量 8400 立方米，年可节约自来水费用 1.93 万元。

附录图 11　海绵城市技术应用示意图

4. 基于标准化的空间可变设计

项目针对公租房家庭的不同需求，开展以持续可居性为核心的全生命期可变户型设计研究，通过标准化、模块化设计（附录图 12），优化剪力墙布局，达到不破坏主体结构即可实现小户型住宅、适老型住宅、创业式办公的多功能可变空间（附录图 13）。

随着时代发展，当不需要作为租赁住房时，项目可改造为适老型住宅、创业式办公等功能，结合物业智能化管理，各栋可分功能转换、独立管理，形成多元化、多样化的功能组合，实现多种资源的共享和利用。以持续可变

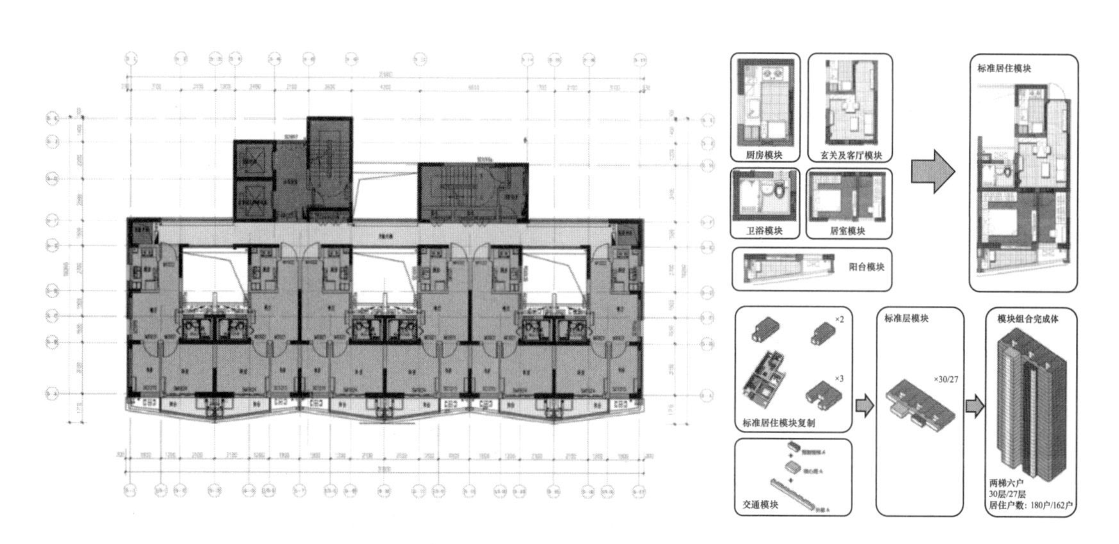

附录图 12　标准化和模块化设计

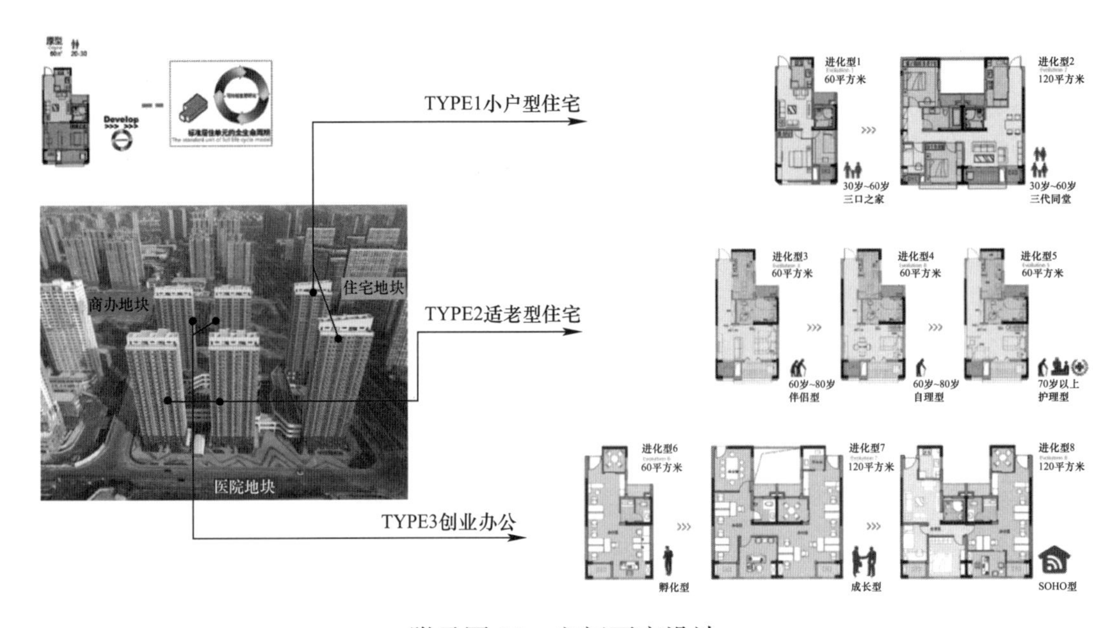

附录图 13　空间可变设计

性，满足不同时期建筑发展需求，形成了一套可复制、可推广的标准化、模块化、多样化的空间可变设计方法。

5. 户内空间精细化设计

公共租赁住房户型面积小，但功能全，通过对厨房、卫生间、起居室、卧室、阳台等空间根据生活需求进行精细化设计，充分考虑人的行为、生活习惯和最小功能尺度，合理组织“功能分区”，最大限度利用空间，55 平方米实现两房一厅功能（附录图 14）。

如附录图 15 所示，阳台采用梯形平面，进深较大一侧布置洗衣机、拖把池、收纳柜、置物台、太阳能热水器与雨污水管井，避开人在卧室休息室的

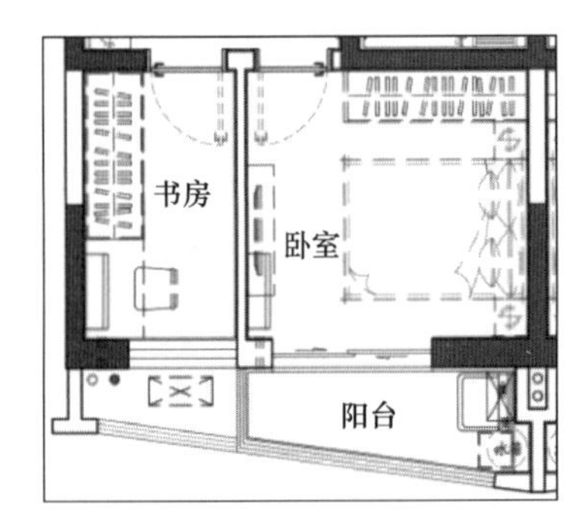

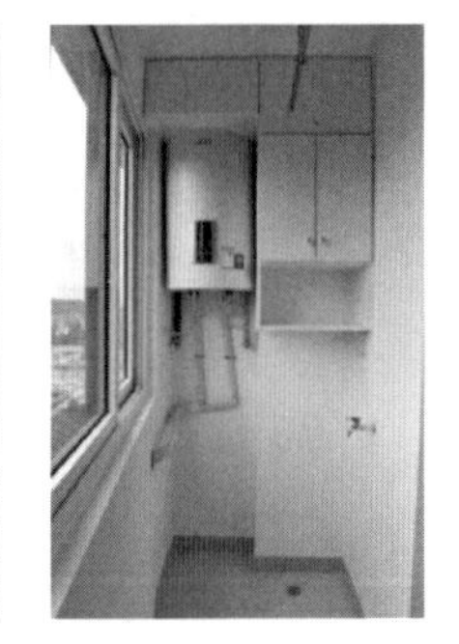

附录图 14　以宜居为核心的保障性住房精细化设计

视线，进深较小一侧设置空调机位，空调机位便于安装检修；通过精细化设计，在满足小户型阳台面积情况下，实现了平面功能完善、使用方便，体现人性化设计要求。同时，立面上形成独特的韵律节奏，创造了新颖的立面效果。在保障性住房中实现“占地不多环境美、面积不大功能全、造价不高品质优”的设计目标。

6. 太阳能光热与建筑一体化技术

项目采用阳台壁挂式太阳能热水系统，并进行了太阳能光热应用与建筑一体化设计，既美观又实用（附录图 15）。为了充分合理地利用太阳能，集热器安装在南向阳台栏板外侧，集热器与阳台外飘板成 75° 夹角，使其能最大限度地得到太阳垂直光照，提高集热器集热效率。

附录图 15　阳台挂壁式太阳能热水器效果

918 户均设置了太阳能热水系统，太阳能集热板总面积为 1653.4 平方米，太阳能年产能 3413270972 千焦耳，与电加热系统相比，可年节约 38.18 万元；与天然气系统相比，可年节约 26.86 万元。每年相当于节省碳排放 271.45 吨，减少 SO_2 排放 73 千克，环境效益显著。

7. 装配式建筑技术

项目从主体结构、内外围护结构到室内装修全面系统应用装配式建筑技术，装配率达到 64%，标准化构件比例大于 60%，达到国家标准《装配式建筑评价标准》GB/T 51129−2017 的 A 级等级（附录图 16）。项目根据装配式混凝土建筑住宅的特点，创新发展了工业化建筑集成技术，形成了低成本、高质量、绿色建造的成套技术体系。项目在建造施工过程中，采用 23 项创新工艺技术，节约费用约 1115 万元。

8. 低位灌浆、高位补浆的剪力墙套筒施工技术

如附录图 17，项目针对剪力墙套筒灌浆不易密实的问题，提出在剪力墙

附录图 16　装配式建筑技术全面性、系统性应用

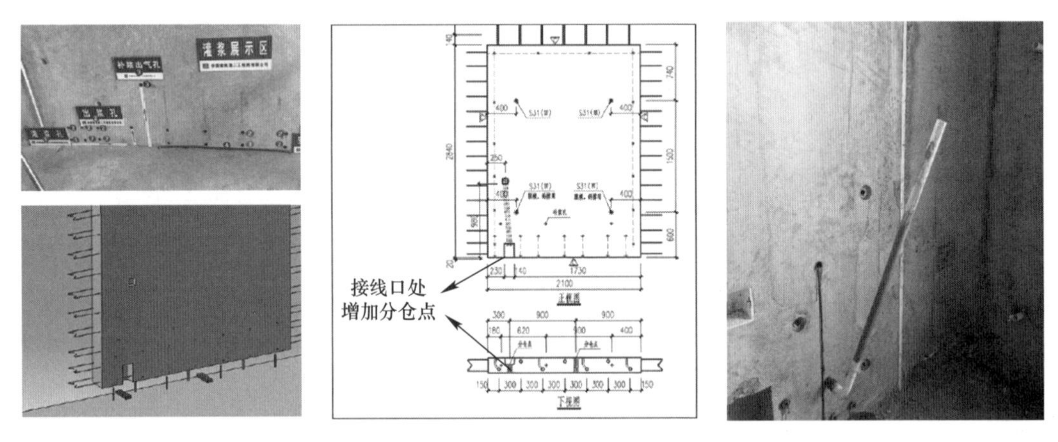

附录图 17　低位灌浆、高位补浆的剪力墙套筒施工技术

体内增设高位灌浆补浆管，灌浆结束时，灌浆补浆观测管内的浆液慢慢下降，可起到浆液回灌及确认套筒内浆液是否饱满的作用，该项目所有抽检套筒全部一次合格，可有效提高竖向构件套筒灌浆连接灌浆的施工质量。

9. 复合夹心保温外墙系统

项目针对装配式建筑外墙的性能提升和简化生产施工的需要，研发了适用于装配整体式剪力墙结构的外墙（含填充墙）产品（附录图 18），将外墙的承重、围护、装饰、保温、防水、防火等各项功能集于一体，解决外墙外保温易脱落、易发生渗漏、保温性能差等问题。预制夹心保温复合外墙节能率达到 71%，且大幅提高装配式建筑的建造效率和质量。

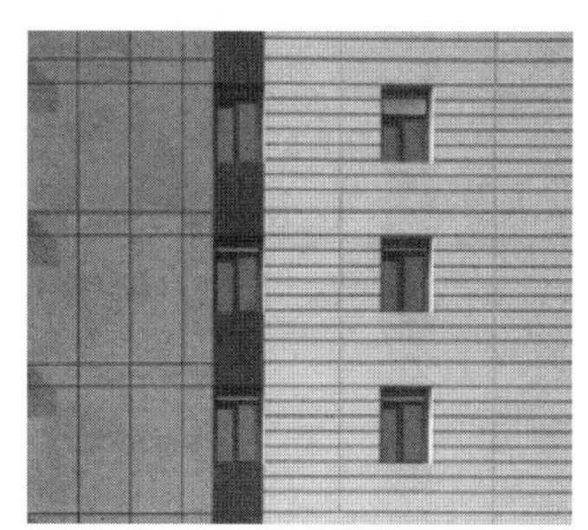

附录图 18　一体化预制外墙

10. 装配化装修一体化技术

项目采用了装配化装修一体化技术（附录图 19），采用集成厨房与集成卫生间，通过管线分离、干法施工、快速安装，实现了工厂化生产、现场一次性安装到位、减少施工现场湿作业。采用干式架空地板，综合考虑管径尺寸、敷设路径、设置坡度等因素确定最小架空高度，提出了架空地板系统隔声构造措施，实现隔声、保温、装饰一体化。楼板撞击声达到 52 分贝，优于国家标准《民用建筑隔声设计规范》GB 50118-2010 中高标准要求，提升保障性住房居住品质。

（三）实施或预期效果

项目建立了具有地方特色并引领国内专业领域的成套应用技术体系。在规划布局方面，项目基于开放式社区理念构建了融合共享的街坊邻里社区环境，对建筑布局进行了优化设计，结合植物景观进行了海绵设施设计；在建筑室内空间方面，针对保障房特点开展了基于标准化空间可变设计，并以宜居为核心开展了公共租赁住房精细化设计；在建筑节能方面，结合主体结构

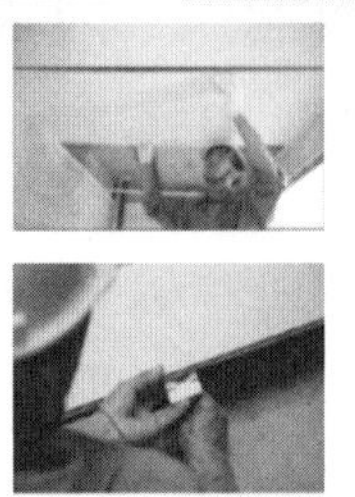

附录图 19　装配化装修一体化技术

采用了复合夹心保温外墙系统，并采用了太阳能光热与建筑一体化技术；在工业化建造方面，从主体结构、内外围护结构到室内装修全面系统应用装配式建筑技术，并针对剪力墙套筒灌浆不易密实的问题，研发和应用了低位灌浆、高位补浆的剪力墙套筒施工技术。

项目先后获得三星级绿色建筑标识、第八届（2017～2018 年度）“广厦奖”、2018～2019 年度中国建设工程鲁班奖（国家优质工程）、2020 年度全国绿色建筑创新奖一等奖、2021 年第十九届中国土木工程詹天佑奖、2020 年中国土木工程詹天佑奖优秀住宅小区金奖（保障房项目）、2020 年度省第十九届优秀工程设计一等奖（住宅与小区）、2020 年度省第十九届优秀工程设计一等奖（装配式建筑）等奖项。总之，项目具有良好的经济、环境和社会效益，可在全国相似地区推广应用。

二、严寒地区超低能耗住宅建筑探索

（一）项目简介

项目位于严寒地区，用地性质为商业住宅（附录图 20），超低能耗建筑示范面积 13.2 万平方米，设计时间为 2020 年 5 月，竣工时间为 2023 年 8 月。项目通过实施超低能耗居住建筑关键技术，首次在严寒地区住宅项目中

附录图 20　项目侧面效果图

取消了市政供暖，采用清洁能源供暖系统，实现了严寒地区居住建筑最依赖化石能源的集中供暖环节脱碳，为住宅建筑领域实现碳中和作出了开拓性探索实践。

（二）主要技术措施

1. 严寒地区超低能耗居住建筑设计关键技术

结合建筑朝向、窗墙比、体形系数及保温安装形式等众多因素综合考虑，研究了严寒地区适用的最佳保温厚度，即 250 毫米～260 毫米厚石墨聚苯板，既节约保温材料和施工成本，减少了保温脱落风险，同时又保证了超低能耗建筑节能效果。通过对建筑薄弱环节进行精细化设计与施工，实现建筑无热桥、高气密性的目标。对门窗洞口、管线贯穿处等易发生气密性问题的部位管线，通过室内外粘贴防水隔汽膜、透汽膜，减少冬季冷风渗透。在严寒地区首次采用主要热源为超低温空气源热泵新风一体机 + 辅助热源电热膜的供暖系统，充分利用空气能，取消常规市政供暖，保证极端天气下的室内正常温度。应用性能化设计的方法，摆脱了常规严寒地区超低能耗建筑超厚外保温的设计误区，以经济、合理的保温实现高节能率。

项目形成了严寒地区超低能耗居住建筑设计技术标准与能耗综合解决方案，成功实现了相对 20 世纪 80 年代建筑供暖能耗节能率 92% 以上，为严寒地区建筑实现“双碳”目标打造了样板工程。

2. 严寒地区超低能耗建筑施工关键技术研究

通过关键技术研究，本项目建立超低能耗建筑施工工艺及质量管理技术体系，并探索新型的施工材料、施工工艺，形成多个专利和施工工法，保证超低能耗建筑的建造质量。如附录图 21 所示，项目主要应用了严寒地区超低能耗居住建筑外墙保温材料、女儿墙保温材料安全无热桥施工工艺，外挑构件、穿墙管道、管线气密性无热桥施工体系，屋面高耐久性保温防水系统施工体系，地下外墙高耐久性保温防水系统，门窗洞口无热桥施工等成套施工技术，并实行样板带路，为施工管理提供依据实测验证，也为技术人员培训超低能耗建筑特殊施工工艺，最终确保施工质量。

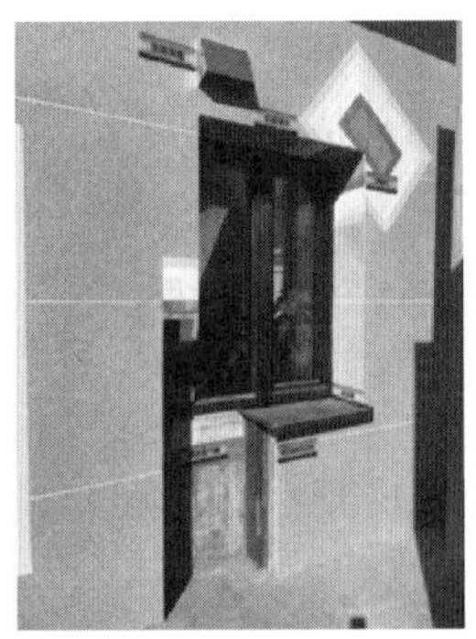

附录图 21　超低能耗节点施工工艺样板墙照片

3. 基于 BIM 的全生命周期的碳排放计算与监控方法研究

项目应用了基于 BIM 的建筑全生命周期碳排放计算方式，通过 BIM 技术和碳排放计算与监控相结合，可计算建筑材料的碳含量、模拟施工过程的碳排放、模拟运营阶段的碳排放以及实时监控的碳排放，解决了常规住宅建筑无法整体掌控户内运行数据，对能耗及碳排放效果无法跟踪的难题。通过对运行数据实时监控，对数据的研究分析，以及通过人工智能技术，确定严寒地区超低能耗住宅能源消耗特点，诊断问题，制定减碳目标和减碳方法。

（三）实施效果

通过性能化的设计方法，项目超低能耗建筑增量成本为 750 元 / 米 ^{2}，较常规超低能耗建筑 1000 元 / 米 ^{2} 的增量成本下降 25%。项目实现了 92% 的供暖节能率，降低供暖费用约 40%～80%，有效降低碳排放。经测算，13.17 万平方米超低能耗建筑，全年运行 CO_2 排放量为 2860.16 千克 / 米 ^{2}，与内蒙古现行居住建筑节能 75% 的设计标准相比，CO_2 排放量降幅 30%，年节约标准煤 451 吨，预计到 2060 年将实现减煤 1.6 万吨，70 年建筑寿命内可减煤 3.2 万吨。年减排 1247 吨 CO_2，预计到 2060 年将实现 CO_2 减排 4.5 万吨，70 年建筑寿命内可减排 8.7 万吨 CO_2。有效减少不可再生资源的消耗，实现人、建筑与环境的友好共生。

该项目为严寒地区低碳高星级绿色建筑技术体系提供了研究样本及实践案例，为严寒地区响应我国建筑领域“双碳”号召，大规模推广和发展居住建筑低碳及零碳供暖开辟了新的通道。同时，推广实施此类高质量建筑对于高性能建筑产品、材料、部品带来大量的需求，可有效促进建筑行业向高质量发展转型，同时可快速拉动行业产值，为企业创造新的经济增长点。粗略估计，在项目所在地区推广此类建筑，可带动数十家高质量建筑部品厂家发展，每年可拉动行业产值达数十亿元。在成本可控的基础上，对促进产业升级和拉动行业产值都具有重要意义。

三、成套装配式建筑技术创新应用住宅

（一）项目简介

项目为人才公寓（附录图 22），建筑面积 23.35 万平方米，设计时间为 2017 年 12 月，竣工时间为 2021 年 12 月。项目以服务该地区高端人才为目标，以创新、协调、绿色、开放、共享五大发展理念为引领，以集成化产品为理念，探索适合于未来建筑的创新性建筑技术体系，大力推行装配式建筑与绿色建筑互融发展。集成超低能耗建筑、装配式建筑、智慧建筑、海绵住区等前沿绿色建筑技术，通过技术创新，引领质量提升，打造全生命期绿色低碳、百年耐久、智慧宜居的国际化绿色建筑示范区，树立新区乃至核心区的绿色建筑发展标杆。

附录图 22　项目照片

（二）主要技术措施

1. 装配式建筑技术综合性应用

该项目所有建筑均采用了装配式建筑技术，并进行了系统性集成应用。

未来住宅示范楼（3 号楼）采用了钢框架 - 钢筋混凝土核心筒混合结构，装配率达到 80% 以上；零碳中心（12 号楼）采用了装配式木结构，装配率达到 90% 以上；其他住宅建筑部分采用预制装配整体式剪力墙结构体系，整体装配率均不低于 60%。

除主体结构采用预制装配式技术，所有项目均采用装配式成品内外墙围护系统；同时，所有住宅精装修均采用装配式内装技术（附录图 23、附录图 24），精装修率达 100%，实现 SI 建造方式，实现管线与结构相分离，成为装配式建筑集成应用的标志性项目。

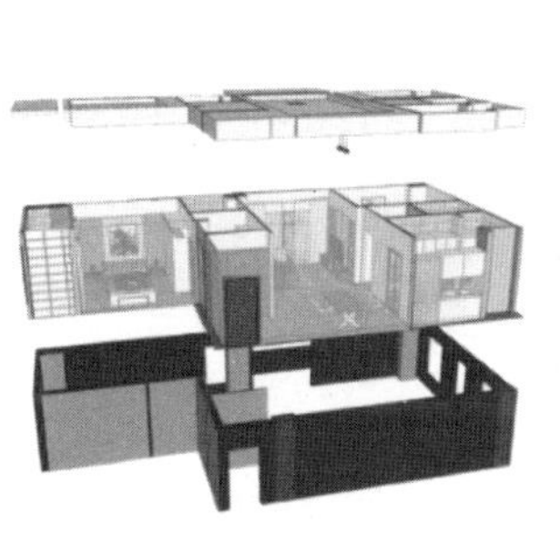

附录图 23　装配化装修技术全面应用

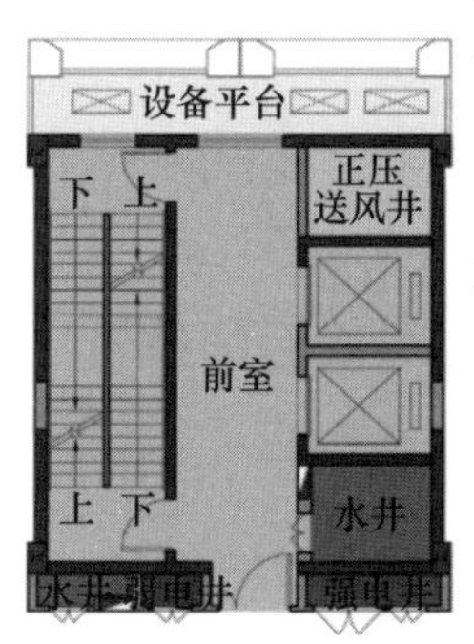

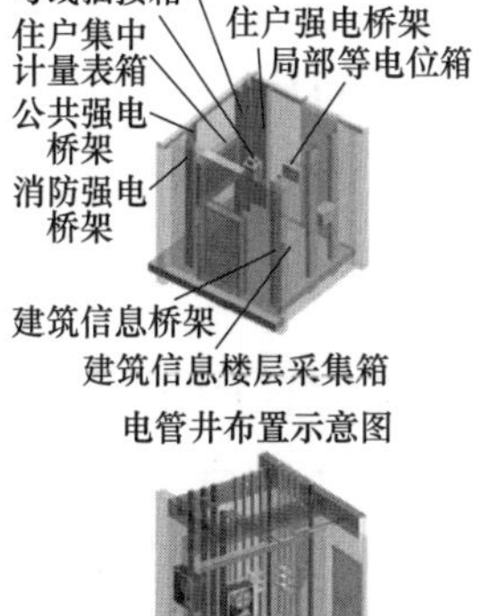

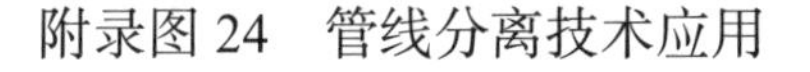

附录图 24　管线分离技术应用

2. 零碳木结构综合集成技术（附录图 25）

12 号楼社区服务中心采用新型木结构体系，充分利用可再生材料。针对夏热冬冷地区的气候特征，12 号楼因地制宜采用保温隔热、自然通风、自然采光等被动建筑技术。外墙传热系数≤0.4 瓦/(米^2·开)，外窗传热系数≤1.6 瓦/(米^2·开)，屋面传热系数≤0.39 瓦/(米^2·开)，外墙和屋面的热惰性指标均大于 2.5，充分发挥了围护结构的节能潜力。结合建筑形态，设计了屋顶光伏系统，并采用了建筑直流微电网技术，高效利用可再生能源，可以实现建筑全生命周期零碳排放。

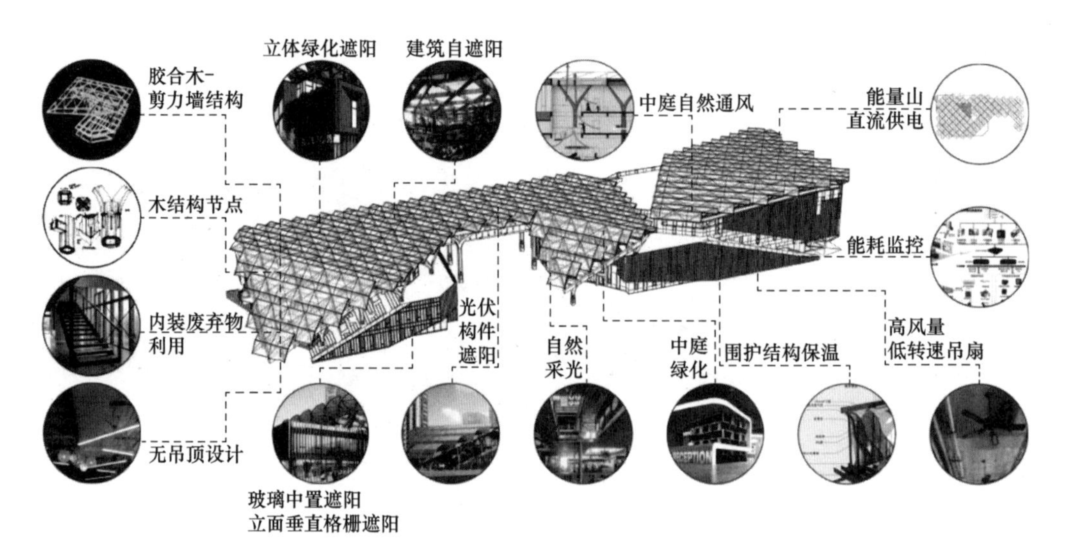

附录图 25　零碳技术体系

项目综合节能率实现零能耗，在不包括可再生能源情况下，项目节能率达到 82%，节能效益显著、投资回收期合理。体现了当地气候特征，技术路线合理，满足超低能耗（被动式）建筑的示范要求。附录图 26 是 12 号楼零碳木结构社区服务中心建成后的照片。

3. 全过程 BIM 技术应用

本工程建筑设计、施工全过程采用了 BIM 技术。采用 Catia 工业设计软件，实现了预制装配可视化、三维设计可视化、管线综合、碰撞检查；采用 Revit 软件综合各专业系统，并进行了预制装配率计算。项目将设计阶段 BIM 与施工阶段 BIM 打通，并基于 BIM 建立了智慧工地系统，对现场人员、

附录图 26　12 号楼零碳木结构社区服务中心

环境、进度、车辆、塔式起重机等大型设备进行监控以及施工进度控制（附录图 27～附录图 29）。

附录图 27　项目设计阶段 BIM

4. 绿色健康低能耗技术综合集成应用

项目坚持低消耗、低排放的策略，综合采用了绿色节能技术、海绵住区、雨水回收、空中花园、垂直绿化技术等绿色健康技术，改善住区生态环境，倡导绿色、低碳的生活方式。如附录图 30、附录图 31 所示，采用地源热泵、建筑太阳能光伏发电一体化技术、活动遮阳技术等低能耗技术，实现了可

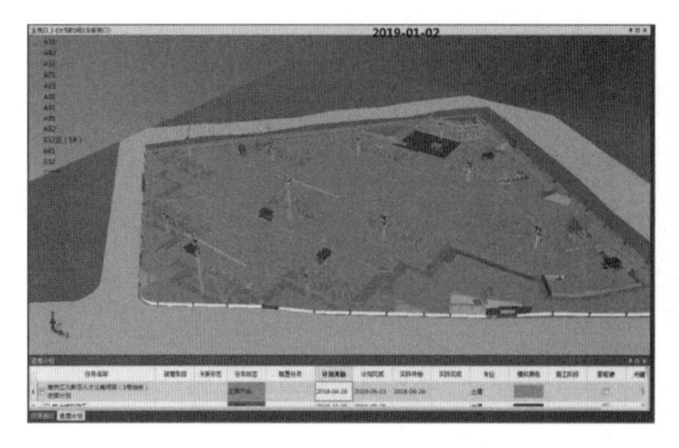

附录图 28 项目施工阶段 BIM 和施工进度管控

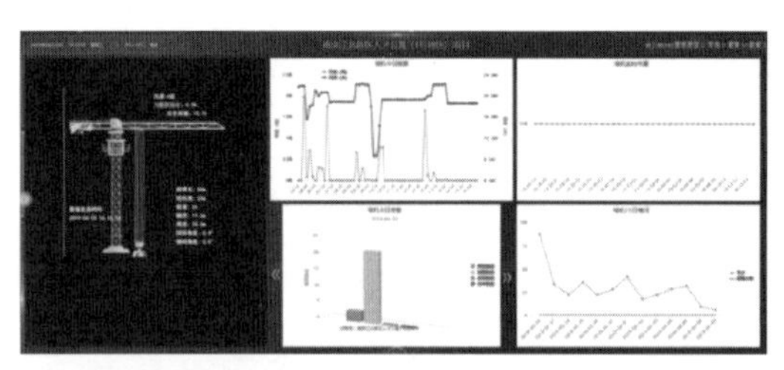

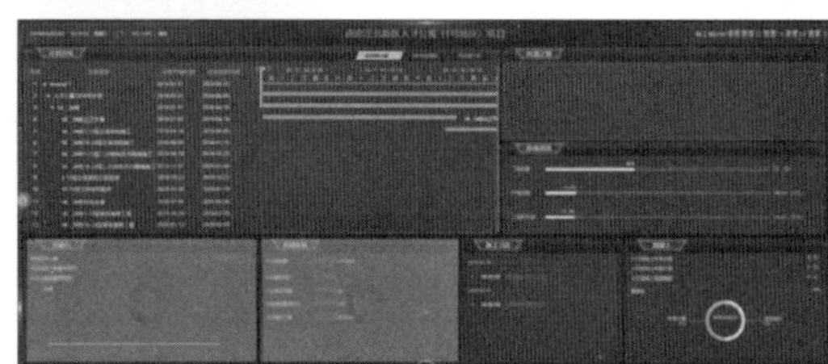

附录图 29 基于 BIM 的智慧工地

应用太阳能光伏一体化构件，建立多功能表皮系统，达到装配式建造与立面造型艺术的完美结合

在建筑南面幕墙8层~28层设置薄膜发电玻璃，共计348片发电玻璃，额定转化效率不低于15%；每个幕墙单元光伏组件发电功率为390瓦，总装机容量为45.24千瓦。年总发电量2.56万千瓦·时，平均每天发电量为70千瓦·时

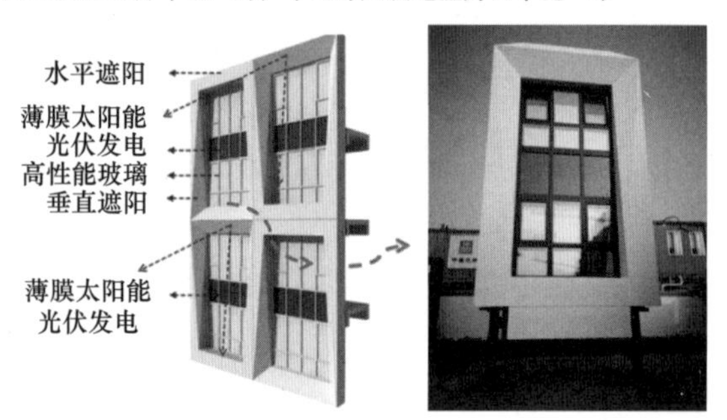

附录图 30 3 号楼多功能表皮系统

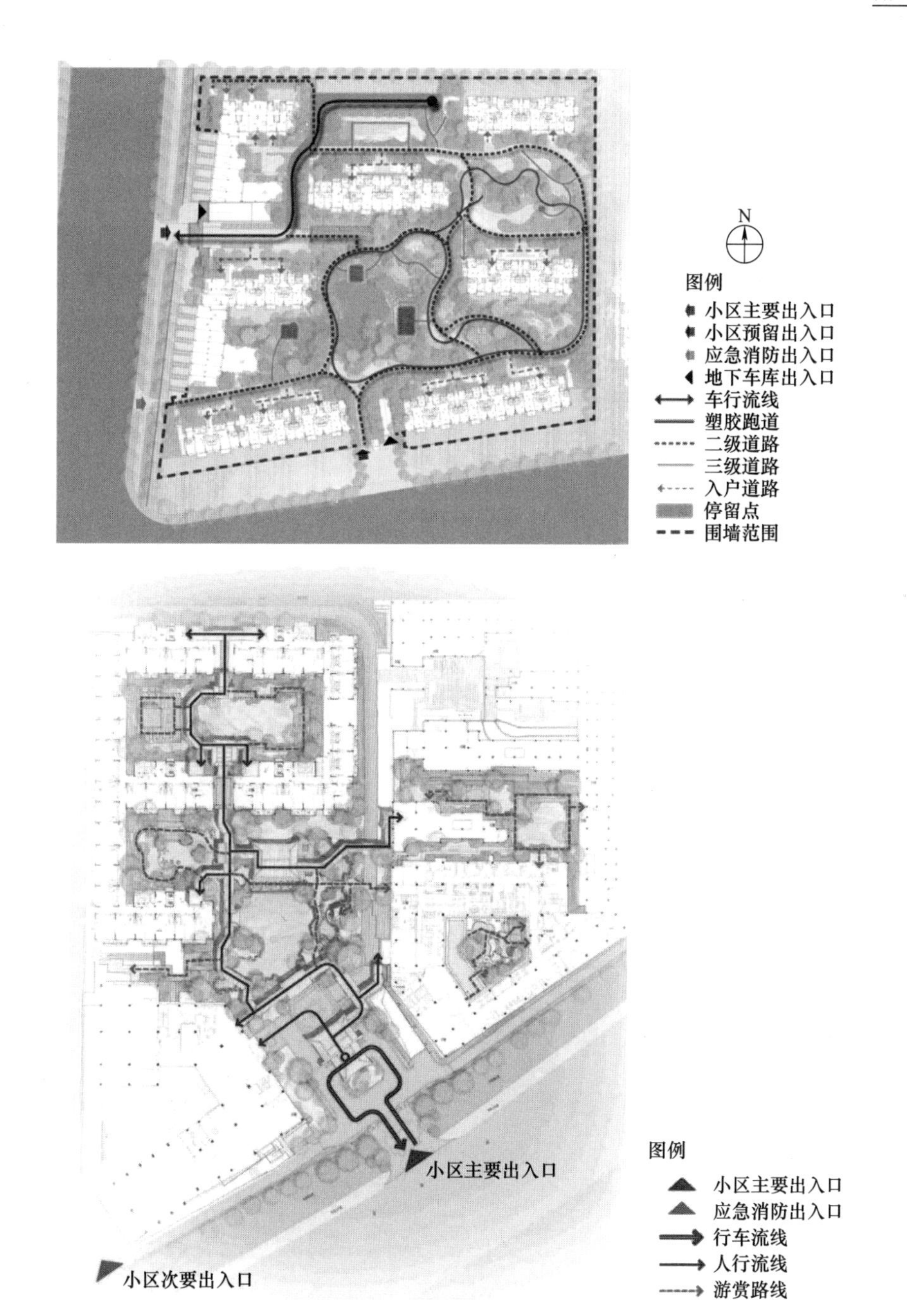

附录图 36　场地流线分析

（3）环境优先原则

充分尊重项目所在区域的自然环境和人文环境，以生态环保意识为指导，人与自然共存。充分利用现有地形、地貌，营造高雅、有文化氛围、有活力的环境。A 地块设置 400 米环区健康跑道和 200 米老年人漫步道，起跑处设置跑道热身区，跑道周边设置休息区，每 6 米设置照明灯具，每 100 米设置具有激励作用的里程标识。B 地块设置 500 米环区健康跑道和 200 米老年人漫步道，依据不同行动能力选择不同长度的健康跑道（附录图 37）。起跑处设置跑道热身区，跑道周边设置休息区，每 6 米设置照明灯具，每 100 米设置具有激励作用的里程标识。

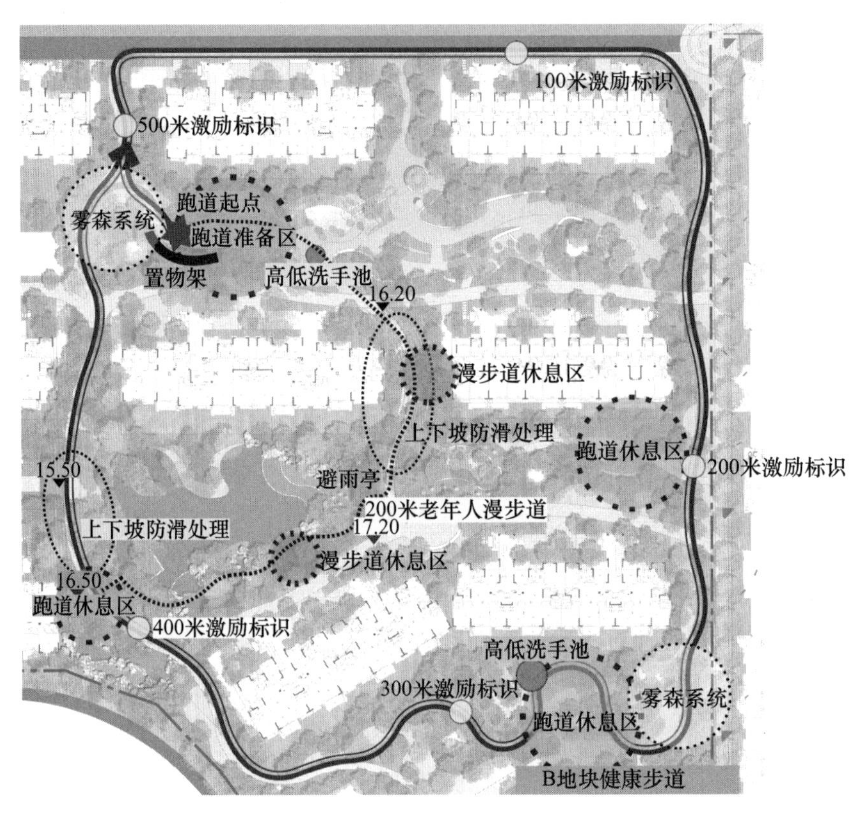

附录图 37　B 地块慢行步道

（4）以人为本原则

从老人个体需求出发，创造适老化、宜老化的居住环境。同时考虑全年龄人群的需求，以通用设计原则为导向，创造满足多层次需求的持续照料社区。如附录图 38 所示，儿童成长体系包含 0～12 岁儿童各个阶段所需的活动区，并且看护设施贯穿整个体系，通过设计，借助趣味的设施及多变的空间引导儿童与老人产生互动与交流。在老人活动区和儿童活动区设置远程看护系统。

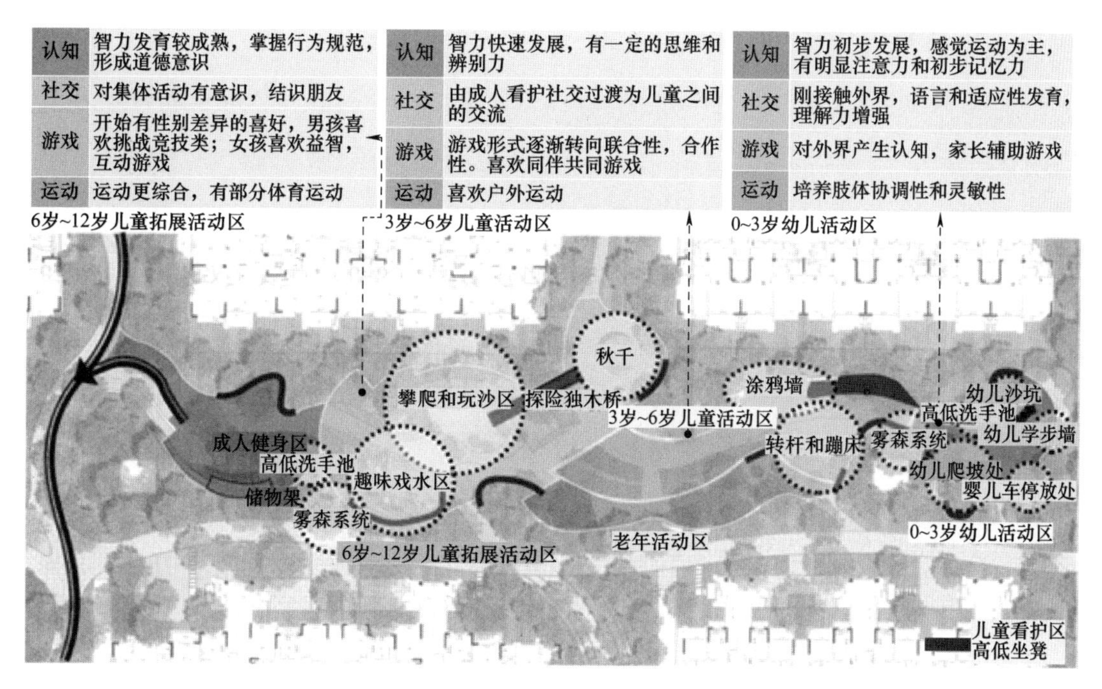

附录图 38　活动场地划分

（5）科技赋能原则

项目以互联网、物联网为依托，集合运用现代通信与信息技术、计算机网络技术、老年服务行业技术和智能控制技术，打造整体智能化平台，为园区老年人提供安全、便捷、健康、舒适服务的生活模式，为园区工作人员提供高效的工作环境。

（6）绿色节能原则

合理运用绿色节能技术，包括地源热泵、太阳能光伏发电、雨水收集，屋顶绿化与垂直绿化，充分考虑使用绿色环保建材，选用节水、节电设备和技术。打造低能耗，甚至零能耗建筑，创建低碳社区。

（7）持续发展原则

环境的可持续发展除了生态环境方面的考虑，还体现在尽量利用现有资源，为未来发展留有余地。采用动态发展原理进行规划，制定利于扩展、具有弹性的规划，不仅考虑分期建设的可行性，做到近远期结合，而且注重节约用地，给远期发展留有余地，实现建设的可持续发展。

2. 室外景观设计

水系景观在养老社区不仅能改善社区局部的小气候，成为养老社区的空气净化系统，还能与周边植物景观搭配形成较好的景色，为社区提供一个良好的观景环境。项目水中大量种植莲花，形成玄武莲海景色，使整个水系兼具观赏和趣味功能。

秉承“回归自然、还原自然”理念，用百米入口礼仪轴，蜿蜒流淌的上千平方米中心水景、花境、散落在社区中的主题景观空间等，勾勒出“一轴、一湖、一台、两园”的园林体系（附录图 39）。

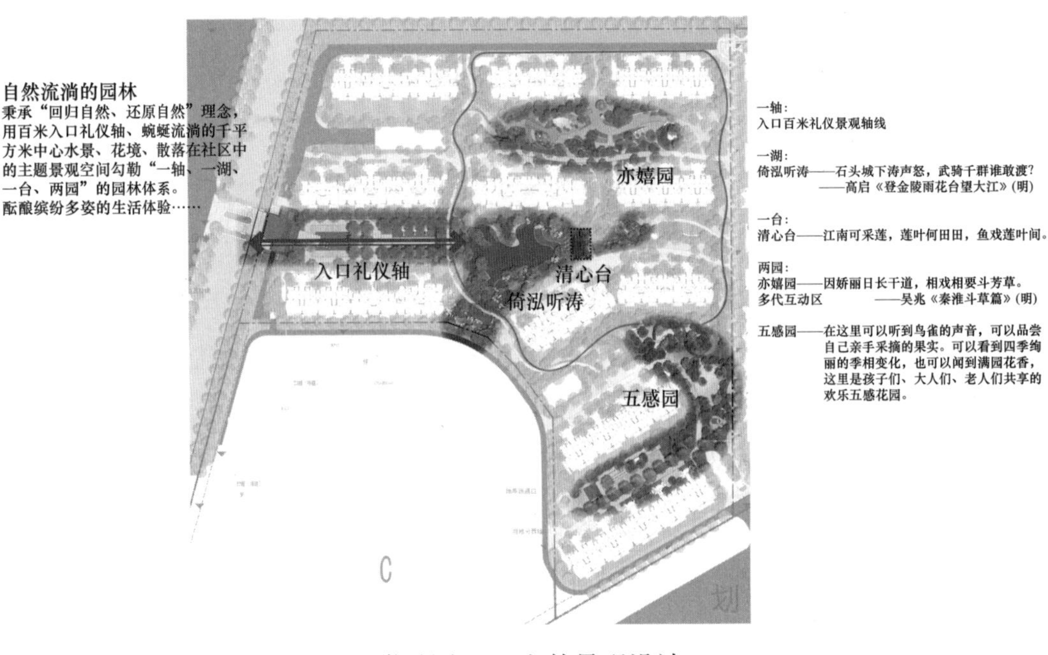

附录图 39 室外景观设计

3. 室内设计

套内设计充分考虑适老设计，老人卧室独立，可以从玄关直接进入，减少两代人因作息时间不同等造成的相互干扰（附录图 40）。

局部无高差设计或微高差设计，为减少老年人因室内高差引起的安全隐患问题，本次项目设计进行了高差系统分析，入户门槛做 3 毫米倒角、卫生间门槛 3 毫米倒角、厨房与客餐厅为无高差设计，不可避免出现高差的地方为微高差设计（附录图 41）。

附录图 40　户型设计

室内多处设置有拉绳式报警装置，在发生危险情况时，拉绳式报警装置对于老人更容易触发，可及时报警（附录图 42）。

由于老年人身体素质较差，洗澡时容易滑倒，发生危险。考虑老年人洗澡的安全性，在淋浴间与浴缸处设置相应的保护措施。淋浴间特意为老人设置浴凳，边上设置扶手，浴缸在老人容易够到的高度设置扶手，方便老人扶住站稳（附录图 43）。增加了老人洗澡的安全性，避免了危险的发生。

附录图 41　无高差卫生间

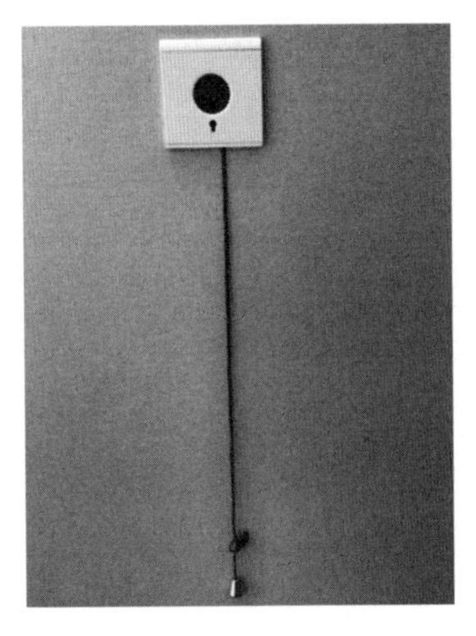

附录图 42　报警装置

附录图 43　淋浴间无障碍设施

（三）实施效果

该养老社区项目以老年人需求为核心，采用持续照料退休社区可持续养老模式，集娱乐、酒店式服务、生活护理和医疗护理为一体，打造绿色健康复合型康养社区，将居住空间的风环境、光环境、声环境、空气品质、舒适度等进行高性价比、高品质的设计，以健康建筑集成应用为基准，以居住的生活健康为核心，塑造高舒适度、绿色健康的居住环境，实现生活健康化、居住品质化的宜居空间。通过功能复合原则、统一连续原则、环境优先原则、以人为本原则、科技赋能原则、绿色节能原则、持续发展原则，创造出一个健康、适宜老年人居住的康养社区。

五、未来建筑实验室

（一）项目简介

该项目是以我国居住建筑能源和环境为关注点，集科研、展示、体验等功能于一体的大型综合实验平台。实验平台建筑面积约 1500 平方米，一层 700 平方米，为展示大厅和会议室，二层 800 平方米，为未来建筑实验室。

由东西共3排6套面积130平方米的户型构成，2020西户型和2035东西户型共三套为“先锋”建筑，探索2035年可能的建筑技术应用，分别达到超低能耗、近零能耗的建筑标准。2050东西户型为“未来”建筑，展望2050年零能耗及产能建筑的技术路径。作为全国首个聚焦建筑使用性能及未来发展的全尺寸、实体验、可比对的科研平台，与国际同类型实验平台相比，该项目是面积最大、功能最全，科学研究与真实体验、现在与未来相结合的探索、开放实验平台（附录图44）。

附录图44 项目侧面效果图

（二）主要技术措施

如附录图45所示，该项目实验内容涉及建筑热平衡、建筑热工、室内声光热环境、建筑能源系统、能耗和气密性、外窗性能及安装、采光和遮阳、通风换气方式、人员行为模式和建筑光伏十个方面，具体技术措施如下。

1. 2020西户型

2020西户型以超低能耗建筑标准建设。围护结构采用岩棉保温装饰一体化保温板（附录图46），外窗采用铝合金三玻Low-E窗，K=1.2瓦/(米^2·开)，$SHGC$=0.5，中置可调节遮阳。

能源系统采用小冷量多联机（室内机制冷量1.4千瓦，制热量1.6千瓦，被动房专用小型多联机）+高效新风热回收（热交换效率79%～94%，噪声小于33分贝）。

附录图 45　未来建筑实验室研究内容

附录图 46　2020 西户型围护结构做法

2. 2035 户型

如附录图 47 所示，2035 东户型为“先锋”建筑，按照被动房体系建造，对国外技术体系进行实验验证。围护结构采用双层石墨聚苯板体系、铝包木被动窗 + 外遮阳卷闸，能源系统为高效新风热泵一体机（制冷量 3.5 千瓦，制热量 4.2 千瓦，制冷效率为 3.69，制热效率为 3.84，显热交换效率 75%）。

2035 西户型为“先锋”建筑，按照中国近零能耗标准建造，探索可规模化推广的近零能耗技术路线。围护结构为真空绝热板复合岩棉保温体系（25 毫米 VIP + 120GEPS）、铝包木被动窗（三波 Low−E 暖边）+ 外遮阳百叶，防火被动门（$K = 1.0$），能源系统为小冷量风管机 + 独立高效热回收新风体系。

3. 2050 户型

2050 户型为“未来”建筑的探索，其中西户型按照零能耗建筑目标设计，

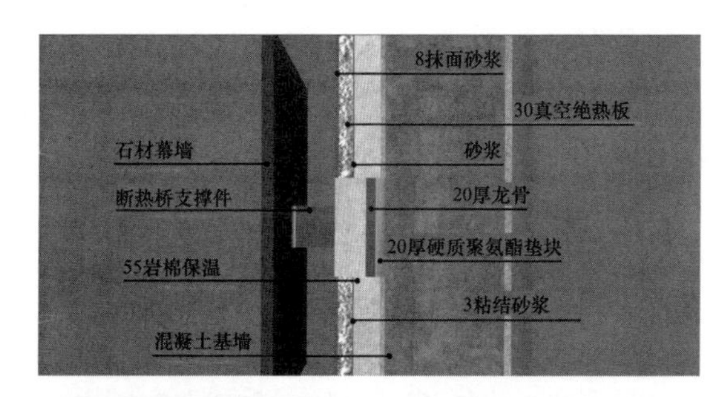

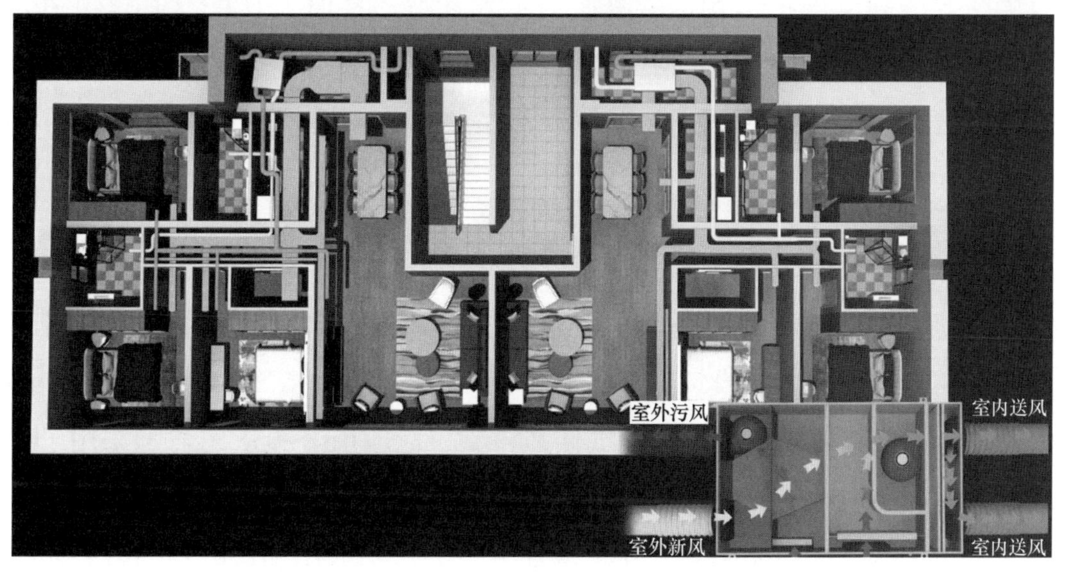

附录图 47　2035 户型能源系统鸟瞰图

研究未来建筑新型室内供冷供暖方式，探索高层建筑能源自给自足的可行性。

围护结构：真空绝热板（50毫米真空绝热板，墙体 K=0.1 瓦/(米^2·开)）+木索被动幕墙（双真空玻璃铝包木窗，K=0.5 瓦/(米^2·开)，$SHGC$=0.5）+立面BIPV。能源系统采用了更高舒适度的户式辐射供冷供热新风一体系统（附录图48）。

附录图48　2050户型户式辐射供冷供热新风一体系统

2050东户型按照产能建筑目标设计，使用BIPV完全满足建筑用能，研究未来高层居住建筑实现产能建筑的可行性，探索建筑与外部网络的能源交互方式。围护结构：气凝胶板+木索被动幕墙（双真空玻璃铝包木窗，K=0.5 瓦/(米^2·开)，$SHGC$=0.5）+立面BIPV。能源系统为微能环控机（焓效率79%～94%，制冷效率为3.21～3.50，制热效率为4.04～4.20）+光伏。

（三）实施效果

通过该项目实验研究，验证了2种先进建筑围护结构保温材料和3种做法体系在居住建筑中的设计、施工和应用。未来建筑中，气凝胶、真空绝热板及复合式保温体系在全国不同气候区得到广泛应用。2035东户型采用了户式室内新风热回收一体机，2035、2050分别采用了一拖多能源系统及辐射空调系统，这些主动式能源系统在未来建筑中的成功应用和实践，推动了超低能耗居住建筑能源系统多样化发展，现阶段这三种主动式能源系统在超低能耗居住建筑中的市场占有率超过 90%，并取得了非常好的应用效果。

该项目从高性能建筑围护结构、高效能源系统、可再生能源利用、室内环境舒适性和设备运行方式及人员行为模式等方面开展科学实验探索和实践验证研究，为基础理论验证、新型产品应用、未来建筑发展等开展有益探索和开创性研究，在以下 5 个方面发挥了重要作用。

1. 科学原理分析

开展长期的建筑热平衡、能耗与室内空气品质耦合、围护结构热湿传递与室内环境关系、辐射系统传热及蓄冷 / 热特性、建筑光伏伴生热量等实验研究与理论分析。

2. 工程焦点验证

验证近零能耗建筑气密性指标、外窗安装方法、建筑补风方式、外保温体系施工工法等工程建设中存有争议的关键参数要求、节点做法、施工工法等工程焦点。

3. 性能长期测试

开展建筑能耗、室内声光热环境、围护结构热工性能、建筑气密性、新风热回收设备焓交换 / 显热交换效率、热泵型新风环境控制一体机等效效率、建筑光伏系统“电源–负载–储能”等性能长期在线测试。

4. 科研成果实践

验证了近零能耗建筑指标体系、性能化设计工具、近零能耗建筑评价体系、新型热泵环控一体机、门窗安装新方法等科研成果。

5. 未来发展探索

探索新型建筑材料应用，室内声光热环境需求、建筑蓄能用能方式、新型暖通空调系统实现个性化室内环境的技术途径，探索未来建筑发展。

参 考 文 献

［1］ 刘燕辉. 住宅科技［M］. 北京：中国建筑工业出版社，2008.

［2］ 国家住宅与居住环境工程技术研究中心，广东省建科建筑设计院.《住宅设计规范》实施指南［M］. 北京：中国建筑工业出版社，2012.

［3］ 林建平.《住宅设计规范》局部修订的前前后后［J］. 工程建设标准化，2004（2）：19-20，3.

［4］ 林建平. 从新编《住宅设计规范》展望我国住宅发展趋势［J］. 住宅产业，2013（1）：64-65.

［5］ 赵冠谦. 新版《住宅设计规范》解读［J］. 住宅产业，2012（9）：63-65.

［6］ 李国庆，钟庭军. 中国住房制度的历史演进与社会效应［J］. 社会学研究，2022，37（4）：1-22.

［7］ 赵冠谦，开彦. 中国住宅建设技术发展五十年［J］. 城市开发，1999（10）：11-15.

［8］ 周燕珉，李佳婧. 1949 年以来的中国集合住宅设计变迁［J］. 时代建筑，2020（6）：53-57.

［9］ 孔娜娜. 网格中的微自治：城市基层社会治理的新机制［J］. 社会主义研究，2015（4）：90-96.

［10］ 胡紫荣，刘立钧. 试析我国现代住宅的演化历程［J］. 住宅科技，2014，34（3）：13-16.

［11］ 国家统计局. 建筑业高质量大发展 强基础惠民生创新路——党的十八大以来经济社会发展成就系列报告之四［R/OL］.（2022-09-19）［2023-07-01］. http://www.stats.gov.cn/sj/sjjd/202302/t20230202_1896679.html.

[12] 新华社. 住房和城乡建设部：住房制度改革从三个方面推进[EB/OL].（2009-01-29）[2023-07-01]. https://www.gov.cn/jrzg/2009-01/29/content_1216890.htm.

[13] 艾懿君. 英国BREEAM与我国绿色建筑评价标准比较研究[D]. 南昌：南昌大学，2017.

[14] 王朝红，王建军. 英国《可持续住宅标准》介绍与思考[J]. 新建筑，2012（4）：46-51.

[15] 王牧洲，刘念雄. 英国住宅建筑评估体系的新发展与启示——住宅品质标识（HQM）体系介绍[J]. 住区，2018（1）：69-77.

[16] 于一凡，贾淑颖. 终生社区，终生住宅——英国城市的适老化建设路径[J]. 上海城市管理，2017，26（5）：40-44.

[17] 贾淑颖，梁宸彰. 英国无障碍住房16条标准：无障碍适应性住宅技术规范[EB/OL].（2019-12-30）[2023-07-01]. https://mp.weixin.qq.com/s/pc7mWFESMa4pr_U5ppR_VA.

[18] 卢求.《住宅性能评定标准》与德国相关标准比较研究[J]. 住宅产业，2023（5）：14-21.

[19] 绿大科技. 标准探析：美国Fitwel健康建筑标准解读[EB/OL].（2023-03-09）[2023-07-01]. https://mp.weixin.qq.com/s/1A4T800e0Ys0vJh14QTOfw.

[20] 王庄林. 全球汇：日本节能装配建筑产业化发展趋势（六）[EB/OL].（2018-01-22）[2023-07-01]. https://mp.weixin.qq.com/s/7Tkc6ewTISe_lULFcY2d0A.

[21] 刘东卫，冯海悦，李静. 新时代好房子标准内涵及指标体系探讨[J]. 中国勘察设计，2023，368（5）：10-16.

[22] 秦姗，蒋洪彪，王姗姗. 基于日本SI住宅可持续建筑理念的公共住宅实践[J]. 建设科技，2014（20）：62-66.

[23] 张辛，梁俊生，张庆阳. 国外建筑产业化探索之四　瑞典：推进可持续住宅产业化[J]. 建筑，2018（8）：48-50.

[24] 驻瑞典经商参处. 瑞典在可持续建筑领域的经验 [EB/OL]. (2015-06-23) [2023-07-01]. http://se.mofcom.gov.cn/article/ztdy/201506/20150601020732.shtml.

[25] 张琼，范悦，FEMENIAS P，等. 瑞典“百万住宅计划”的住宅更新过程与使用后评价研究 [J]. 住区，2018 (2)：150-154.

[26] 孙涵琦. 人口老龄化视野下新加坡组屋建设对我国的启示 [J]. 住宅与房地产，2022，661 (24)：74-80.

[27] 徐呈程. 新加坡组屋可持续机制及对未来社区的启示 [C] // 中国城市规划学会，成都市人民政府. 面向高质量发展的空间治理——2021 中国城市规划年会论文集：19 住房与社区规划. 北京：中国建筑工业出版社，2021：8.

[28] 张磊，仲继寿，胡文硕，等. 迈进第二个二十年——健康住宅建设技术的新要求 [J]. 建筑技艺，2020 (5)：7-11.

[29] 仲继寿. 健康住宅的研究理念与技术体系 [J]. 建筑学报，2004 (4)：11-13.

[30] 仲继寿，李新军. 从健康住宅工程试点到住宅健康性能评价 [J]. 建筑学报，2014 (2)：1-5.